智／能／感／知／技／术／丛／书

移动群智感知网络中的
数据收集与激励机制

赵 东 著

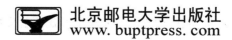

北京邮电大学出版社
www.buptpress.com

内 容 简 介

移动群智感知网络将普通用户的移动设备作为基本感知单元,通过移动互联网进行有意识或无意识的协作,实现感知任务分发与感知数据收集,完成大规模的、复杂的城市感知任务。它既为物联网提供了一种全新的感知模式,同时也带来了一系列新的挑战,成为近年来国内外的研究热点。尽管目前已存在各种各样的移动群智感知应用系统,但仍缺乏基本的衡量数据收集质量的模型、有效的数据收集方法、合理的用户参与激励机制。本书对移动群智感知网络中的数据收集相关理论技术进行了系统性研究,所取得的若干重要科学发现与国际领先的创新成果为移动群智感知网络的广泛应用提供了重要的理论技术支撑。

本书面向从事物联网相关领域,特别是对移动群智感知网络感兴趣的读者,也可作为高等学校计算机和电子信息类专业高年级本科生的扩展阅读材料以及研究生的专业课程教材。

图书在版编目(CIP)数据

移动群智感知网络中的数据收集与激励机制 / 赵东著. -- 北京:北京邮电大学出版社,2021.8
ISBN 978-7-5635-6445-3

Ⅰ. ①移… Ⅱ. ①赵… Ⅲ. ①移动网—互联网络—数据收集 Ⅳ. ①TN929.5

中国版本图书馆 CIP 数据核字(2021)第 156872 号

策划编辑:姚 顺 刘纳新 责任编辑:刘春棠 封面设计:七星博纳

出版发行:北京邮电大学出版社
社 址:北京市海淀区西土城路 10 号
邮政编码:100876
发 行 部:电话:010-62282185 传真:010-62283578
E-mail:publish@bupt.edu.cn
经 销:各地新华书店
印 刷:唐山玺诚印务有限公司
开 本:787 mm×1 092 mm 1/16
印 张:13.75
字 数:257 千字
版 次:2021 年 8 月第 1 版
印 次:2021 年 8 月第 1 次印刷

ISBN 978-7-5635-6445-3 定 价:45.00 元

· 如有印装质量问题,请与北京邮电大学出版社发行部联系 ·

智能感知技术丛书

顾问委员会

宋俊德　彭木根　田　辉　刘　亮　郭　斌

编　委　会

总主编　邓中亮

编　委　周安福　郑霄龙　刘　杨

　　　　　赵　东　张佳鑫　范绍帅

总策划　姚　顺

秘书长　刘纳新

前　言

随着智能手机、车载感知设备、可穿戴设备等各类无线移动终端设备的爆炸式普及，在大力发展了十几年利用特定的、有意识部署的传感器提供感知服务之后，物联网正通过利用这些普适的移动设备提供更大规模、更复杂、透彻而全面的感知服务，从而进入一个全新的发展时代。在此背景下，近年来出现了一种基于移动设备感知能力的新型物联网感知模式，学术界称之为"移动群智感知"。与传统的固定部署传感器网络相比，这种模式克服了组网成本高、系统维护难、服务不灵活的局限性，大大降低了物联网的应用成本，提高了物联网的应用效率。

然而，与传统的无线传感器网络相比，移动群智感知网络的感知节点数量更大、类型更多、范围更广，感知数据的传输方式更多样，并且人的参与带来了一系列新的研究挑战，包括数据收集、数据质量管理、感知大数据处理、资源优化、隐私保护、系统安全等问题。移动群智感知网络的数据收集技术的研究刚刚起步，很多问题尚处于初步摸索阶段。目前国内外已开发了各种各样的移动群智感知应用系统，但大多关注硬件的开发、系统的设计、原型系统的部署等，仍缺乏基本的衡量数据收集质量的模型、有效的数据收集方法、合理的用户参与激励机制。作者近年来对移动群智感知网络数据收集技术进行了较为持续、深入的研究，经过一系列科研实践，对该研究方向的若干基础研究和实现技术取得了初步的研究成果。本书是作者近年来在该领域科研工作的总结，也是作者系统梳理移动群智感知网络数据收集技术的一次尝试。

在内容组织上，本书分别从如何度量和分析数据收集质量、如何设计有效的数据收集方法、如何激励用户参与数据收集三个角度，对相关的一系列新模型和新方法进行全面系统的介绍。第 1 章对移动群智感知网络的基本概念、特征、系统架构、典型应用、研究现状和挑战，以及本书研究内容进行总体介绍；第 2 章分别对传统固定部署传感器网络、移动传感器网络中的数据收集，以及移动群智感知网络中的数据收集和激励机制相关研究工作展开综述;第 3 章和第 4 章主要研究如何度量和分析数据收集质量,分别提出覆盖质量度量模型与分析方法、机会数据收集统一延迟分析框架;第 5 章和第 6 章主要研究如何设计有效的数据收集方法,分别提出基于时空相关性的协作机会感知方法、采用数据融合的协作机会传输方法,实现感知质量与成本的平衡;第 7~10 章主要研究如何激励用户参与数据收集,针对不同应用场景分别提出预算可行型在线激励机制、节俭型在线激励机制、预算平衡的激励树机制,并开展激励机制应用实验研究;第 11 章对全书内容进行总结,并对移动群智感知网络下一步的研究方向进行展望。

本书所涉及的研究工作获得国家自然科学基金(61332005、61502051、61732017、61972044)和中国博士后科学基金(2015M570059)等项目的持续支持,从而使我们对移动群智感知网络进行了较为系统和深入的研究。本书的大部分内容就是在这些项目支持下完成的,特此向国家自然科学基金和中国博士后科学基金等项目表示感谢。一些博士、硕士研究生也参与了参考资料的收集整理和部分书稿的编辑校对工作,在此对他们的辛勤付出表示衷心的感谢。

近年来,物联网、云计算、大数据和人工智能等新兴信息技术的发展日新月异。移动群智感知网络的相关研究也正随着这些技术的快速发展而不断升级,未来这一研究方向还有待作者和同行学者们进行持续探索。作者试图对移动群智感知网络数据收集技术的现有研究成果进行归纳总结并探明未来发展方向,但限于作者的学识水平和表达能力,内容难免存在缺点和不足之处,敬请读者批评指正。

赵　东

于北京邮电大学

目　　录

第 1 章
绪 论

物联网将人类生存的物理世界网络化、信息化,对传统的分离的物理世界和信息空间实现互联与整合,代表了未来网络的发展趋势,引领了信息产业革命的第三次浪潮[1]。目前,物联网相关技术引起了政府、学术界以及工业界的广泛关注,已成为各国竞争的焦点和制高点。物联网发展到今天,对透彻感知的需求越来越强烈,而随着无线通信和传感器技术的进步,市场上的智能手机、平板计算机、可穿戴设备、车载感知设备等移动终端集成了越来越多的传感器,拥有越来越强大的感知、通信、存储和计算能力。这些无线移动终端设备不仅可以作为感知人及其周围环境的物联网"强"节点,同时可以作为其他缺乏通信、存储和计算能力的物联网"弱"节点与信息世界连接的桥梁。随着这些无线移动终端设备的爆炸式普及,在大力发展了十几年利用特定的有意识部署的传感器提供感知服务之后,物联网将通过利用这些普适的移动设备提供更大规模、更复杂、透彻而全面的感知服务,从而进入一个全新的发展时代[2]。在此背景下,近年来出现了一种基于移动设备感知能力的新型物联网感知模式,我们称之为"移动群智感知"。与传统的固定部署传感器网络相比,这种模式克服了组网成本高、系统维护难、服务不灵活的局限性,大大降低了物联网的应用成本,提高了物联网的应用效率。本章首先简要介绍移动群智感知网络的基本概念和特征、系统架构、典型应用领域,以及研究现状和挑战,然后介绍本书的研究内容和主要贡献。

1.1 移动群智感知网络简介

1.1.1 移动群智感知网络的基本概念

学术界最初将利用普适的移动设备提供感知服务的物联网新型感知模式称为"以人

为中心的感知"(people/human-centric sensing)[3-5]。按照感知对象的类型和规模,这种感知模式的应用可以分为两类:个体感知(personal sensing)和社群感知(community/social sensing)。典型的个体感知应用包括对个人的运动模式(如站立、行走、慢跑、快跑等)进行监测来促进身体健康,对个人的日常交通模式(如自行车、汽车、公交车、火车等)进行监测来记录个人的碳排放足迹等。相比而言,社群感知可以完成那些仅依靠个体很难实现的大规模、复杂的社会感知任务。例如,在交通拥堵状况和城市空气质量监测应用中,只有当大量的个体提供行驶速度或空气质量信息,并将这些信息进行汇聚分析时,才能了解整个城市的交通状况或空气质量分布。

根据感知方式的不同,社群感知通常可以分为两类:参与感知(participatory sensing)[6]和机会感知(opportunistic sensing)[7]。参与感知需要用户以主动的方式决定在什么时间、什么地点、使用哪种传感器来感知什么内容(如使用手机进行拍照),而机会感知通常是用户在无意识状态下进行感知,不需要用户的主动操作(如使用 GPS 自动提供连续的位置信息)。

近年来,更多学者将社群感知称为"群智感知"(crowd sensing)[8]。这主要来源于"众包"(crowdsourcing)的思想,所以又称之为"众包感知"(crowdsourced sensing)[9]。"众包"是《连线》(Wired)杂志在 2006 年发明的一个专业术语,用来描述一种新的分布式的问题解决和生产模式,即企业利用互联网将工作分配出去、发现创意或解决技术问题。近年来,学者们将"众包"的思想与移动感知相结合,将普通用户的移动设备作为基本感知单元,通过移动互联网进行有意识或无意识的协作,形成移动群智感知网络,实现感知任务分发与感知数据收集,完成大规模、复杂的社会感知任务[2]。

1.1.2 移动群智感知网络的基本特征

在传统的无线传感器网络中,人仅仅作为感知数据的最终"消费者"。相比而言,移动群智感知网络一个最重要的特点是人将参与数据感知、传输、挖掘分析、应用决策等整个系统的每个过程,既是感知数据的"消费者",也是感知数据的"生产者",套用一个流行的新造词,可称之为"Prosumer"。这种"以人为中心"的基本特征为物联网感知和传输手段带来了前所未有的机会,具体表现如下。

(1) 网络部署成本更低。首先,城市中已有大量的移动设备或车辆,无须专门部署;

其次,人的移动性可以促进感知覆盖与数据传输。一方面,随着移动设备的持有者随机地到达各个地方,这些节点即可随时随地进行感知;另一方面,由于移动节点之间的相互接触,这些节点可以使用"存储—携带—转发"的机会传输模式在间歇性连通的网络环境中传输感知数据。

(2) 网络维护更容易。首先,网络中的节点通常具有更好的能量供给,更强的计算、存储和通信能力;其次,这些节点通常由其持有者进行管理和维护,从而处于比较好的工作状态。例如,人们总是可以随时根据需要来对自己的手机等移动设备进行充电。

(3) 系统更具有可扩展性。我们只需要招募更多的用户参与即可满足系统应用规模扩大的需求。

由于以上优点,移动群智感知网络成为物联网新型的重要的感知手段,可以利用普适的移动感知设备完成那些仅依靠个体很难实现的、大规模的、复杂的社会感知任务。

1.1.3　移动群智感知网络的系统架构

如图 1-1 所示,一个典型的移动群智感知网络通常由感知平台和移动用户终端两部分构成。其中,感知平台由位于数据中心的多个感知服务器组成;移动用户可以利用各种移动感知终端采集感知数据,通过移动蜂窝网络(如 GSM、3G/4G)或短距离无线通信的方式(如蓝牙、Wi-Fi)与感知平台进行网络连接,并上报感知数据。系统的工作流程可以描述为以下五个步骤。

(1) 发布任务:感知平台将某个感知任务划分为若干个感知子任务,通过开放呼叫的方式向移动用户发布这些任务,并采取某种激励机制吸引用户参与。

(2) 数据感知:用户得知感知任务后,根据自己的情况决定是否参与感知活动,并利用所携带移动终端中合适的传感器采集数据。

(3) 前端处理:参与用户在移动终端将感知数据进行必要的前端处理。

(4) 数据传输:参与用户采用某些安全与隐私保护手段将数据传输到感知平台,可使用的数据传输方式包括基于基础设施的数据传输和机会数据传输。

(5) 数据管理与分析:感知平台对所收集的感知数据进行管理和分析,并以此构建环境监测、智能交通、城市管理、公共安全、社交服务等各种移动群智感知应用。

在上述工作流程中,数据感知、前端处理、数据传输三个步骤与数据收集过程直接相关,而激励机制和安全隐私机制则蕴含在数据收集过程中,是其必要的支撑技术。

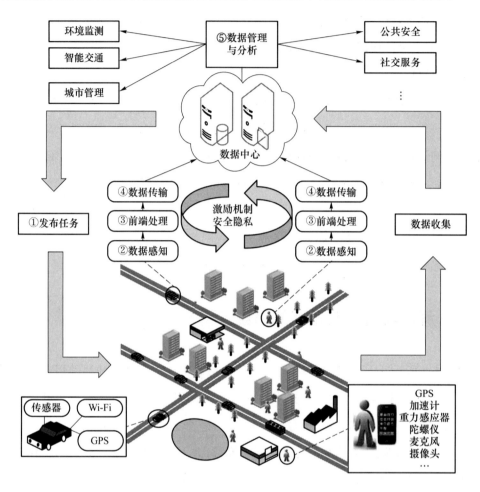

图 1-1　移动群智感知网络系统架构

1.2　移动群智感知网络的典型应用

目前,移动群智感知网络的应用主要涉及如下典型领域。

(1)环境监测。相比传统的传感器网络,移动群智感知网络利用普适的移动感知设备,能以较小成本实现对整个城市自然环境的大规模监测。例如,Common Sense[10]利用手持式的空气质量传感器测量空气污染(如 CO_2、NO_x)状况,并将其通过蓝牙与手机进行连接上报感知数据;NoiseTube[11]和 Ear-Phone[12]利用手机的麦克风测量环境噪声,并汇集大量用户的感知数据构造城市的环境噪声地图;CreekWatch[13]利用用户拍照或文本描述来记录不同地方的水质或垃圾数量,用来跟踪水污染。

(2)智能交通。利用普适的移动感知设备对路况信息进行收集、处理后反馈给用户,向用户提供更智能的出行路线和驾驶辅助。例如,CarTel[14]和 VTrack[15]利用位置传感器采集用户移动轨迹,估计交通拥堵状况、交通延迟等,为用户提供合适的行驶路线;SignalGuru[16]利用手机摄像头感知当前交通灯的颜色,并通过在附近车辆间共享信息来预测交通灯的变化状态,辅助驾驶员正确调整速度,达到减少停车次数、降低燃油消耗的目的,同时也改善了交通状况;GreenGPS[17]采集用户的车载 GPS 信息,并与车辆的燃油消耗相关联,从而为用户提供燃油消耗更少的绿色出行路线。

(3)城市管理。利用普适的移动感知设备可以方便地对城市的基础设施进行监测,帮助政府决策人员更好地管理和规划城市,也可以辅助企事业单位或个人进行决策。例如,Sensorly[18]利用手机测量 Wi-Fi 或移动蜂窝网络信号质量,并汇集大量用户的感知数据构造城市的网络覆盖地图;Pothole Patrol[19]和 Nericell[20]使用加速计、GPS 等传感器估计道路的颠簸状况;ParkNet[21]使用安装在车辆上的超声波传感器联合智能手机来探测城市街道上可用的停车位。还有一些相关的典型应用,如寻找丢失的自行车、对人群的聚集密度进行估计、市政设施维护等。

(4)公共安全。利用普适的移动感知设备可以及时地发现和预测突发事件,避免事故发生,用户捕获的大量视频、图片等信息可以辅助刑侦人员进行案件调查。例如,文献[22]提出利用手机蓝牙扫描的方法快速估计公共场所的人群密度;文献[23]设计的感知平台 Medusa 可以用来及时报告和跟踪突发事件(如美国的"占领运动");文献[24]设计的感知平台 GigaSight 可以汇集用户捕获的大量视频、图片信息,从中寻找丢失的孩子,或帮助刑侦人员找到犯罪分子(如美国波士顿爆炸案嫌疑人)。

(5)社交服务。用户可以通过移动社交网络相互分享感知信息,通过感知信息的比较和分析更加了解自己的行为习惯,获取对自己有用的知识,进而改善自己的行为模式。例如,BikeNet[25]使用户在社交网络中分享骑自行车所经道路的状况(如二氧化碳浓度、道路颠簸状况等),帮助用户找到更好的骑行路线;DietSense[26]使用户对所吃的食物拍照并在社交网络中分享,比较和分析他们的饮食习惯,进而帮助用户合理控制饮食和提供饮食建议。

(6)城市突发事件应急处理。依据突发事件应急处理的应用服务需求,采用移动群智感知网络,将移动社交网络与传感网络、无线通信网络等多种异构网络融合,对城市管理中道路交通、自然灾害、公共安全、公共卫生、健康医疗等方面的突发事件及时感知并进行应急处理。

1.3　移动群智感知网络的研究现状和挑战

与传统的无线传感器网络相比,移动群智感知网络的感知节点数量更大、类型更多、范围更广,感知数据的传输方式更多样,并且人的参与带来了一系列新的挑战,包括数据收集、数据质量管理、感知大数据处理、资源优化、隐私保护、系统安全、激励机制等问题。移动群智感知是目前国际国内学术界关注的热点,国际同行学者陆续在 IEEE 系列会议(INFOCOM、IPSN 等)、ACM 系列会议(MobiCom、UbiComp、MobiSys、SenSys 等)发表了一些重要研究成果。

IEEE 于 2011 年开始组织移动感知研讨会(International Workshop on Mobile Sensing),2012 年 ACM 发起了群智感知研讨会(ACM International Workshop on Multimodal Crowd Sensing)交流相关领域研究成果。美国加州大学洛杉矶分校[6]、达特茅斯学院[3]、麻省理工学院[19]、马萨诸塞大学[27]、普林斯顿大学[16]、IBM 研究院[8]、微软研究院[28]、南加州大学[23]、亚利桑那州立大学[29]、英国剑桥大学[30]、南安普顿大学[31]、加拿大纽芬兰纪念大学[32]、新加坡南洋理工大学[33]等纷纷发表了该领域的科研成果。我国学者也非常重视该领域的研究,清华大学[34,35]、北京邮电大学[36,37,38,39]、西北工业大学[40]等较早开展该领域的探索。

作为物联网新兴的研究领域,移动群智感知网络在基础理论、实现技术、实际应用等层面都面临着许多传统传感器网络不曾遇到的挑战,主要概括为以下八个方面。

(1)移动群智感知数据的前端处理

参与用户携带的智能终端由于设备能力和使用环境所限,其 GPS、加速计、麦克风、摄像头等传感器采集的原始感知数据通常存在很大噪声、不完整或具有冗余,节点感知获取的数据具有多维度、多模态、冗余量大等特性。直接传输大量的原始感知数据会消耗太多能量和网络带宽,直接处理海量的原始感知数据也会给服务器平台带来太大压力。另外,在一些间歇性连通的网络环境中,需要采用机会转发机制传输感知数据,而传输大量的原始感知数据会造成较高的传输延迟和较低的投递率。因此,需要将部分数据分析与处理的任务前移至参与内容移交的节点,在减轻网络传输负载的同时,提升数据的可用性和移交的成功率。在实际应用中,通常对原始感知数据进行必要的前端处理,再将中间结果传输到后端服务器平台做进一步的数据分析。

采用的前端处理技术基本有两类:一类是数据质量增强,包括消除噪声、过滤异常数据、恢复丢失数据、对低质图像进行修复和增强等操作;另一类是情境推断,包括推断用户的交通模式、运动模式、社交场合(如开会、打电话、看电视等)和所处的周围环境(如道路颠簸、噪声级别等),将不同应用所需感知的情境进行相互关联和学习,利用更少的传感器采集更少的数据来完成更多、更精确的情境推断任务,提高移动群智感知网络的工作效率[41]。

(2) 移动群智感知网络的服务质量

移动群智感知网络应用需要及时收集特定地点或感兴趣区域的感知数据,网络服务质量是大家关注的基本问题之一。首先,综合利用移动群智感知网络中的节点感知能力、网络传输、用户体验等因素,研究移动群智感知网络的服务质量度量指标、评价体系和计算模型。其次,根据服务质量的具体需求,研究网络规划和节点的部署策略;进一步结合节点社会属性与行为规律,研究无意识转发与主动部署节点收集相结合的方法,设计感兴趣区域数据传输的时效性保障策略;同时,考虑到感知节点资源受限性、网络状态的弱连接性等特点,研究情境自适应的机会转发策略,探索连续感知数据的高效、可靠传输方法。

(3) 移动群智感知数据的机会传输

移动群智感知网络应用大多采用基于基础设施的传输模式,即用户通过移动蜂窝网络(如 GSM、3G/4G)或 Wi-Fi 接入点与互联网进行连接来上报感知数据。然而,这种传输模式不适用于网络覆盖差或缺少通信基础设施(如在台风、地震等灾难事件发生时通信基站会遭到严重破坏)的场景,而且会消耗用户的数据流量,并对移动蜂窝网络造成压力。

为了减少对通信基础设施的依赖和降低通信开销,移动用户之间可以采用一种"弱"连接的方式,依靠移动节点之间的相互接触,采用"存储-携带-转发"的机会传输模式在间歇性连通的网络环境中传输感知数据。传统的机会路由主要利用节点的移动性,数据转发效率低。移动群智感知网络机会转发机制不仅仅要关注用户个体感兴趣数据的共享和分发[42-44],还要考虑参与用户节点的社会地位、节点之间的相似程度和社会关系、感知数据的时空相关性等特点以及其对网络传输性能的影响,利用节点的社会属性可以大幅提高数据转发的效率。这需要研究移动用户社交状态的动态获取方法、基于社交信息的感知数据转发的机会路由机制,通过引入移动用户的社交信息设计机会路由算法并探索满足时效性。移动中感知任务的分发与感知数据的收集常常需要针对特定地理区域、特定兴趣的节点群进行多播,需要研究以群组节点社会属性为驱动的多播路由机制,设计兼顾社会属性和行为属性的组播路由,提高转发的效率。另外,在对感知数据进行机会传输的过程中,考虑感知数据的特点将机会转发机制与网内数据处理结合起来[37]。

（4）移动群智感知数据的智能处理

移动群智感知数据来自不同用户、不同传感器,大规模长期部署的网络感知数据呈大数据特点。因此,必须将这些海量数据进行智能的分析和挖掘才能有效地发挥价值,形成从数据到信息再到知识向用户提供给服务。该方面主要研究以下内容。

- 感知大数据存储与处理。移动用户产生海量的感知数据,包括结构化的数据（如数值、符号等）和非结构化的数据（如图像、音频、视频等）,有些时效性强,有些时效性弱,有些价值密度高,有些价值密度低,感知大数据的存储与处理需要行之有效的方法。

- 感知数据质量管理。用户感知方式的随意性以及不同用户的使用习惯都会影响感知数据的正确表达和解释,所产生的感知数据具有不准确、不完整、不一致、不及时等质量问题,甚至存在恶意用户上报虚假数据的现象。因此,需要对用户数据质量进行评估和验证,对低质数据进行质量增强,剔除错误数据和虚假数据。

- 多模态数据挖掘。不同用户、不同传感器所采集的感知数据是在不同维度上刻画被感知的对象,需要针对不同模态信息关联性,整合不同模态挖掘结果,来实现对感知对象的全面理解。

（5）移动群智感知网络的资源优化

克服移动节点在能量、带宽、计算等方面的资源限制是移动群智感知网络实用化的关键。尽管传统的传感器网络资源优化问题得到了充分研究,但移动群智感知网络资源管理面临很多新的问题。首先,由于用户数量和传感器的可用性都会随着时间而动态变化,难以准确地对能量和带宽需求进行建模和预测来完成特定的感知任务;其次,需要考虑如何从大量的具有不同感知能力的用户中选择一个有效的用户子集,在资源限制条件下合理调度感知和通信资源。

目前的主要研究内容包括以下几个方面。

- 合理调度不同类型的传感器完成同一感知任务,实现感知质量与资源消耗的平衡,例如,使用 GSM、Wi-Fi、GPS 等多种手段以能量有效的方式完成定位[45, 46]。

- 利用不同类型感知数据的关联性,使用较少的传感器采集较少的感知数据完成多个同时进行的感知任务,例如,利用不同情境的关联性以能量有效的方式进行连续的情境推断[41, 47]；

- 利用感知数据的时空相关性,选择有效的用户集,并设置合理的感知参数,使多个用户协作完成感知任务,实现感知质量与资源消耗的平衡[48, 49]。

（6）移动群智感知网络的激励机制

移动群智感知应用依赖大量普通用户参与,而用户在参与感知时会消耗自己的设备电量、计算、存储、通信等资源并且面临隐私泄露的威胁,因此必须设计合理的激励机制对用户参与感知所付出的代价进行补偿,才能吸引足够的用户,从而保证所需的数据收集质量。与传统 P2P 网络中通用的转发激励策略不同,移动群智感知网络是以人为中心的,其激励机制设计更注重用户行为、用户能力、个人兴趣、所处环境等个性化因素。因此,需要考虑用户特征、应用情境等因素对用户参与感知的激励机制进行研究。

（7）移动群智感知网络的安全与隐私保护

参与用户携带的感知设备提供的场景感知数据,可以为移动群智感知应用服务,同时用户的身份、兴趣习惯、行动状况、社交活动等隐私信息也存在泄露风险。为防止泄露用户的隐私和敏感信息提供有效的隐私保护机制,将对用户积极参与感知起着重要的作用。因此,必须研究移动群智感知网络的安全策略和隐私保护机制,在确保用户隐私和安全性的同时能够尽可能完成数据收集任务。具体研究内容包括:用户隐私保护策略的选择配置方法,使感知信息处于用户授权可控之下;针对隐私敏感的感知信息,利用匿名化方法来抑制或泛化减少隐私泄露,面向动态变化的感知数据隐私保护的增量匿名化方法;研究轻量级的安全机制和隐私保护方法,提高移动终端的计算效率等。目前关注以下基本方法。

- 匿名化[50]。将身份信息移除后再将感知数据上报给平台。这种方法的缺点是仍然可以从匿名化的 GPS 或其他定位传感器测量值中推断出用户频繁访问的位置以及其他个人信息。
- 安全多方计算[51]。使用加密技术将感知数据进行变换后上报给平台。这种方法比较安全,但缺点是一般需要较大的计算量,需要生成和维护多个密钥,灵活性较差。
- 数据加扰[52, 53]。对感知数据添加一些噪声后上报给平台,添加的噪声需要保证用户个体的隐私信息得到保护,同时依然能够准确地计算出群体信息的统计结果。

（8）移动群智感知网络共性平台

目前,学术界和工业界已经设计和开发了各种各样的移动群智感知应用。实际上,这些应用通常具有相似或者部分重叠的功能,需要相同的或者相互关联的感知数据,面临着数据收集、资源分配、能量节约、用户激励、安全与隐私等一系列共同的问题与挑战。现阶段这种相互独立的开发模式十分低效,造成了很大的资源浪费。因此,设计移动群智感知网络共性平台是本领域需要解决的基本问题[8, 23]。

移动群智感知网络共性平台的设计应该遵循几个基本原则。

- 首先,应该允许应用开发者使用某种高级程序语言指定所需要的感知数据,并且能够识别不同应用所需要的相同的或者相互关联的感知数据,避免在移动用户端进行重复的感知、处理和传输。
- 其次,应该能够自动选择所需的用户集及其相应的传感器,并配置合理的感知参数,当用户所处的情境发生动态变化时,应该自动进行调整来保证所需的感知质量。
- 最后,为了避免在不同类型的移动设备上重复开发相同的前端处理功能,应该能够提供一个接口来屏蔽访问不同物理层传感器 API 的差异,对上层应用提供一个公共的抽象接口,从而复用相同的前端处理模块。

1.4 本书研究内容和主要贡献

移动群智感知网络作为一种特殊的传感器网络,"以人为中心"的特点为其带来一系列新的问题与挑战。相对于传统的无线传感器网络,移动群智感知网络的数据收集技术研究刚刚起步,很多问题尚处于初步摸索阶段。目前国内外已开发了各种各样的移动群智感知应用系统,但大多关注硬件的开发、系统的设计、原型系统的部署等,仍缺乏基本的衡量数据收集质量的模型、有效的数据收集方法、合理的用户参与激励机制。本书分别从如何度量和分析数据收集质量、如何设计有效的数据收集方法、如何激励用户参与数据收集三个角度开展研究,提出了一系列新模型和新方法,并基于大量的实际数据集进行了验证。本书的主要贡献包括以下八个方面。

(1)覆盖质量度量模型与分析方法。覆盖是衡量数据收集质量的一个重要性能指标。移动群智感知网络中的覆盖不同于传统的固定部署传感器网络的覆盖,也不同于随机移动传感器网络或受控移动传感器网络的覆盖,它与人移动的机会性密切相关。我们考虑到移动群智感知网络中感知覆盖的时变因素,提出覆盖间隔时间作为度量指标。基于北京和上海出租车的移动轨迹数据集,分析覆盖间隔时间的分布模型,建立整个感知区域的覆盖率与节点个数关系的表达式。所提出的覆盖质量的度量模型与分析方法为合理规划网络提供了理论依据。

（2）机会数据收集统一延迟分析框架。机会数据收集过程包含机会感知和机会传输两部分。现有工作大多将机会数据收集过程中的感知延迟与传输延迟隔离研究，并且未对汇聚节点的部署方式和所采用的传输机制的影响进行深入研究。为此，我们联合考虑感知和传输为机会数据收集过程提供了一个统一的延迟分析框架。首先，分析了感知延迟和传输延迟随着移动节点个数、移动速度、感知半径和传输半径的变化规律，并且调查了汇聚节点的部署机制（单个汇聚节点或多个汇聚节点，静态汇聚节点或移动汇聚节点）和传输机制（直接传输机制、传染传输机制或其他）对传输延迟的影响；其次，提出了一个称为"数据收集延迟"的新的性能指标来联合考虑感知延迟和传输延迟，并分析了其在各种情况下的分布规律；最后，通过仿真实验验证了理论分析的正确性。

（3）基于时空相关性的协作机会感知。节点资源消耗问题是利用移动群智感知网络进行数据收集面临的一项重要挑战，因此我们设计协作机会感知架构，以能量有效的方式提供满意的数据收集质量。首先，提出离线的节点选择机制，从给定的节点集合的历史移动轨迹中选择最少个数的节点子集，使其满足指定的覆盖质量需求；其次，设计一个在线的自适应采样机制，根据感知数据的时空相关性，自适应地决定每个节点在某个时间是否执行采样任务。实验分析表明，所提出的机制保证了数据收集质量，降低了感知能量消耗。

（4）采用数据融合的协作机会传输。现有的机会转发机制仅仅关注用户个体感兴趣的数据的共享和分发，而没有考虑感知数据的时空相关性特点。因此，我们设计协作机会传输架构，通过将机会转发机制与数据融合相结合来改善网络传输性能。基于该架构，我们提出采用数据融合的传染路由机制（ERF）和采用数据融合的二分喷射等待机制（BSWF），推导了相关性数据包的扩散规律，设计了新的数据转发规则。实验分析表明，所提出的机制保证了数据收集质量，降低了传输能量消耗。

（5）预算可行型在线用户参与激励机制。现有的激励机制大多是离线的，即所有感兴趣的用户事先报告他们的属性信息给任务发起者，而现实应用中的用户总是在不同时间以随机顺序逐一在线到达。因此我们研究在线激励机制，使任务发起者在指定的截止时间之前选择一个用户集来执行感知任务，使其获得的价值最大化，并且付给这些用户的总报酬不超过指定的预算限制。我们考虑不同用户的特点，调查了选择用户集的价值函数是一个非负单调次模函数的情况，可用于许多现实应用场景。基于在线拍卖模型，提出了两个预算可行型在线用户参与激励机制，即 OMZ 机制和 OMG 机制，分别适用于零"到达-离开"间隔模型和一般间隔模型,并通过理论和实验分析证明了它们可以满足计算有效性、个人合理性、预算可行性、真实性、消费者主权性和常数竞争性六个重要特性。

（6）节俭型在线用户参与激励机制。我们借鉴了"预算可行型"激励机制的基本思想,进一步研究了节俭型激励机制,即任务发起者需要在指定的截止时间之前选择一个用户集,使其在完成指定个数的任务条件下付给这些用户的总报酬最小化。我们考虑多种用户模型,提出了 Frugal-OMZ 和 Frugal-OMG 两种激励机制,分别适用于零"到达-离开"间隔模型和一般间隔模型,并通过理论和实验分析证明了它们可以满足计算有效性、个人合理性、真实性、消费者主权性和常数节俭性五个重要特性。

（7）预算平衡的激励树机制。现有激励机制通常假定系统中已经有大量用户并且知道任务存在。然而,该假定在现实很多应用场景中是不成立的,在这种情况下,需要设计激励树机制,既能够鼓励用户直接参与做出贡献,又能够鼓励用户招募更多的其他用户参与。我们首次提出了预算平衡的激励树机制,称之为"广义发财树机制",要求总体支出等于所宣称的预算,同时保证满足持续贡献激励、持续招募激励、报酬与贡献成正比、非营利的招募者绕过、非营利的女巫攻击五个重要特性。而且,我们设计了"1-发财树"、"K-发财树"和"共享发财树"三种类型的广义发财树机制,用于支持多样化的需求,并使用累积前景理论提供了一个可靠的机制选择向导。通过基于社交网络的仿真实验证实了理论分析的正确性。

（8）激励机制应用实验。现有的大部分激励机制过于偏重理论建模与分析,常常通过仿真实验对所提出的机制进行性能验证,而缺乏对实际应用场景的考虑。仅有少量学者通过实际实验对激励机制进行了研究,但仅适用于传统的简单众包应用场景,而缺乏对移动群智感知网络环境的动态变化性和用户位置、能力、兴趣、行为习惯等个性化因素的考虑。为此,我们开展了两项激励机制应用实验研究:①面向基于移动群智感知的空气质量监测应用,设计了多样化的激励机制,分析验证它们对长期收集基于位置的图像数据的性能影响;②面向基于移动群智感知的协同目标搜寻应用,设计并实现了一个"校园寻宝游戏",对我们所设计的广义发财树激励机制进行了性能验证。

1.5 本书内容组织

本书分为 11 章,具体组织如下:第 1 章为绪论,对移动群智感知网络和本书研究内容进行总体介绍;第 2 章对移动群智感知网络中的感知数据收集和激励机制相关研究工作展开综述;第 3 章和第 4 章主要研究如何度量和分析数据收集质量,分别提出覆盖质量度量模型与分析方法、机会数据收集统一延迟分析框架;第 5 章和第 6 章主要研究如何设计有效的数据收集方法,分别提出基于时空相关性的协作机会感知方法、采用数据融合的协作机会传输方法,实现感知质量与成本的平衡;第 7~10 章主要研究如何激励用户参与数据收集,针对不同应用场景分别提出预算可行型在线用户参与激励机制、节俭型在线用户参与激励机制、预算平衡的激励树机制,并开展激励机制应用实验研究;第 11 章对全书内容进行总结,并对移动群智感知网络下一步的研究方向进行展望。

本章参考文献

[1] Ma H-D. Internet of Things:objectives and scientific challenges[J]. Journal of Computer Science and Technology,2011,26(6):919-924.

[2] 刘云浩. 群智感知计算[J]. 中国计算机学会通讯,2012,8(10):38-41.

[3] Campbell A,Eisenman S,Lane N,et al. People-centric urban sensing[C]. In Proc. of WICON,2006:18-31.

[4] Campbell A,Eisenman S,Lane N,et al. The rise of people-centric sensing[J]. IEEE Internet Computing,2008,12(4):12-21.

[5] Srivastava M,Abdelzaher T,Szymanski B. Human-centric sensing[J]. Philosophical Trans. of the Royal Society A:Mathematical,Physical and Engineering Sciences,2012,370(1958):176-197.

[6] Burke J,Estrin D,Hansen M,et al. Participatory sensing[C]. In Workshop on World-Sensor-Web,co-located with ACM SenSys,2006:1-5.

[7] Lane N,Eisenman S,Musolesi M,et al. Urban sensing systems:opportunistic or participatory? [C]. In Proc. of HotMobile,2008:11-16.

[8] Ganti R K,Ye F,Lei H. Mobile crowdsensing:current state and future challenges[J]. IEEE Communications Magazine,2011,49(11):32-39.

[9] Chatzimilioudis G,Konstantinidis A,Laoudias C,et al. Crowdsourcing with smartphones[J]. IEEE Internet Computing,2012,16(5):36-44.

[10] Dutta P,Aoki P,Kumar N,et al. Common Sense:participatory urban sensing using a network of handheld air quality monitors[C]. In Proc. of ACM SenSys,

2009：349-350.

[11]　Stevens M，D'Hondt E. Crowdsourcing of pollution data using smartphones [C]. In Workshop on Ubiquitous Crowdsourcing，2010：1-4.

[12]　Rana R，Chou C，Kanhere S，et al. Ear-Phone：an end-to-end participatory urban noise mapping system[C]. In Proc. of ACM/IEEE IPSN，2010：105-116.

[13]　Kim S，Robson C，Zimmerman T，et al. CreekWatch：pairing usefulness and usability for successful citizen science[C]. In Proc. of ACM SIGCHI，2011：2125-2134.

[14]　Hull B，Bychkovsky V，Zhang Y，et al. CarTel：a distributed mobile sensor computing system[C]. In Proc. of ACM SenSys，2006：125-138.

[15]　Thiagarajan A，Ravindranath L，LaCurts K，et al. VTrack：accurate, energy-aware road traffic delay estimation using mobile phones[C]. In Proc. of ACM SenSys，2009：85-98.

[16]　Koukoumidis E，Peh L-S，Martonosi M R. SignalGuru：leveraging mobile phones for collaborative traffic signal schedule advisory[C]. In Proc. of ACM MobiSys，2011：127-140.

[17]　Ganti R，Pham N，Ahmadi H，et al. GreenGPS：a participatory sensing fuel-efficient maps application[C]. In Proc. of ACM MobiSys，2010：151-164.

[18]　Sensorly[EB/OL]. http://www. sensorly. com.

[19]　Eriksson J，Girod L，Hull B，et al. The Pothole Patrol：using a mobile sensor network for road surface monitoring[C]. In Proc. of ACM MobiSys，2008：29-39.

[20]　Mohan P，Padmanabhan V N，Ramjee R. Nericell：rich monitoring of road and traffic conditions using mobile smartphones[C]. In Proc. of ACM SenSys，2008：323-336.

[21]　Mathur S，Jin T，Kasturirangan N，et al. ParkNet：drive-by sensing of road-side parking statistics[C]. In Proc. of ACM MobiSys，2010：123-136.

[22]　Weppner J，Lukowicz P. Bluetooth based collaborative crowd density estimation with mobile phones[C]. In Proc. of IEEE PerCom，2013：193-200.

[23]　Ra M-R，Liu B，La Porta T F，et al. Medusa：a programming framework for crowd-sensing applications[C]. In Proc. of ACM MobiSys，2012：337-350.

[24] Simoens P, Xiao Y, Pillai P, et al. Scalable crowd-sourcing of video from mobile devices[C]. In Proc. of ACM MobiSys, 2013: 139-152.

[25] Eisenman S B, Miluzzo E, Lane N D, et al. BikeNet: a mobile sensing system for cyclist experience mapping[J]. ACM Trans. on Sensor Networks, 2009, 6 (1): 6.

[26] Reddy S, Parker A, Hyman J, et al. Image browsing, processing, and clustering for participatory sensing: lessons from a DietSense prototype[C]. In Proc. of EmNets, 2007: 13-17.

[27] Yan T, Kumar V, Ganesan D. Crowdsearch: exploiting crowds for accurate real-time image search on mobile phones[C]. In Proc. of ACM MobiSys, 2010: 77-90.

[28] Rai A, Chintalapudi K K, Padmanabhan V N, et al. Zee: zero-effort crowdsourcing for indoor localization[C]. In Proc. of ACM MobiCom, 2012: 293-304.

[29] Yang D, Xue G, Fang X, et al. Crowdsourcing to smartphones: incentive mechanism design for mobile phone sensing[C]. In Proc. of ACM MobiCom, 2012: 173-184.

[30] Rachuri K K, Mascolo C, Musolesi M, et al. Sociablesense: exploring the trade-offs of adaptive sampling and computation offloading for social sensing[C]. In Proc. of ACM MobiCom, 2011: 73-84.

[31] Packer H S, Samangooei S, Hare J S. Event detection using twitter and structured semantic query expansion[C]. In Proc. of ACM Workshop on Multimodal Crowd Sensing, 2012: 7-14.

[32] Lukyanenko R, Parsons J. Conceptual modeling principles for crowdsourcing [C]. In Proc. of ACM Workshop on Multimodal Crowd Sensing, 2012: 3-6.

[33] Zhou P, Zheng Y, Li M. How long to wait? Predicting bus arrival time with mobile phone based participatory sensing[C]. In Proc. of ACM MobiSys, 2012: 379-392.

[34] Yang Z, Wu C, Liu Y. Locating in fingerprint space: wireless indoor localization with little human intervention[C]. In Proc. of ACM MobiCom, 2012: 269-280.

[35] Zhang X, Yang Z, Wu C, et al. Robust trajectory Estimation for Crowdsourcing-Based Mobile Applications [J]. IEEE Transactions on Parallel and Distributed Systems, 2013, 25(7): 1876-1885.

[36] Yuan P-Y, Ma H-D. Hug: human gathering point based routing for opportunistic

networks[C]. In Proc. of IEEE WCNC, 2012: 3024-3029.

[37] Zhao D, Ma H-D, Tang S. COUPON: cooperatively building sensing maps in mobile opportunistic networks[C]. In Proc. of IEEE MASS, 2013: 295-303.

[38] Ma H-D, Zhao D, Yuan P-Y. Opportunities in mobile crowd sensing[J]. IEEE Communications Magazine, 2014, 52(8): 29-35.

[39] Zhao D, Li X-Y, Ma H-D. How to crowdsource tasks truthfully without sacrificing utility: online incentive mechanisms with budget constraint[C]. In Proc. of IEEE INFOCOM, 2014: 1213-1221.

[40] Guo B, Yu Z, Zhou X, et al. From participatory sensing to mobile crowd sensing[C]. PerCom Workshops, 2014: 593-598.

[41] Nath S. Ace: exploiting correlation for energy-efficient and continuous context sensing[C]. In Proc. of ACM MobiSys, 2012: 29-42.

[42] Zhang Z. Routing in intermittently connected mobile ad hoc networks and delay tolerant networks: overview and challenges[J]. IEEE Communications Surveys & Tutorials, 2006, 8(1): 24-37.

[43] Pelusi L, Passarella A, Conti M. Opportunistic networking: data forwarding in disconnected mobile ad hoc networks[J]. IEEE Communications Magazine, 2006, 44(11): 134-141.

[44] 熊永平, 孙利民, 牛建伟, 等. 机会网络[J]. 软件学报, 2009, 20(1): 124-137.

[45] Lin K, Kansal A, Lymberopoulos D, et al. Energy-accuracy trade-off for continuous mobile device location[C]. In Proc. of ACM MobiSys, 2010: 285-298.

[46] Chon Y, Talipov E, Shin H, et al. Mobility prediction-based smartphone energy optimization for everyday location monitoring[C]. In Proc. of ACM SenSys, 2011: 82-95.

[47] Parate A, Chiu M-C, Ganesan D, et al. Leveraging graphical models to improve accuracy and reduce privacy risks of mobile sensing[C]. In Proc. of ACM MobiSys, 2013: 83-96.

[48] Sheng X, Tang J, Zhang W. Energy-efficient collaborative sensing with mobile phones[C]. In Proc. of IEEE INFOCOM, 2012: 1916-1924.

[49] Zhao D, Ma H-D, Liu L. Energy-efficient opportunistic coverage for people-centric urban sensing[J]. Wireless Networks, 2014, 20(6): 1461-1476.

[50] Sweeney L. k-anonymity: a model for protecting privacy[J]. International Journal of Uncertainty, Fuzziness and Knowledge-Based Systems, 2002, 10 (5): 557-570.

[51] Yao A C-C. Protocols for secure computations[C]. In Proc. of IEEE FOCS, 1982: 160-164.

[52] Agrawal R, Srikant R. Privacy-preserving data mining[C]. In Proc. of ACM SIGMOD, 2000: 439-450.

[53] Ganti R K, Pham N, Tsai Y-E, et al. PoolView: stream privacy for grassroots participatory sensing[C]. In Proc. of ACM SenSys, 2008: 281-294.

第2章
移动群智感知网络数据收集相关研究综述

数据收集作为任何一种感知网络的基本功能,是物联网智能服务的基础,具有十分重要的研究意义。在传统的无线传感器网络中,数据收集问题已经积累了较多的研究成果,主要集中在两个方面:① 覆盖控制理论与算法,覆盖作为反映网络部署及其所能提供的数据收集质量的重要性能指标,主要研究如何度量覆盖质量和如何部署网络满足覆盖质量需求;② 数据收集协议,主要研究如何高效地收集感知数据,满足传输延迟、节点能量和整个网络生存时间等约束条件。从本质上说,移动群智感知网络也是一种传感器网络,但"以人为中心"的特点导致传统的数据收集研究成果无法直接应用,同时,客观存在的人的自私性行为也严重影响数据收集质量,从而使得对用户激励机制的研究也变得十分重要。本章首先根据传统的无线传感器网络的数据收集模式,分别介绍固定部署传感器网络和移动传感器网络中的数据收集相关研究工作,然后介绍移动群智感知网络中的数据收集最新研究进展,最后介绍移动群智感知网络所特有的激励机制方面的最新研究进展,主要涉及娱乐激励、服务激励和货币激励三种激励机制类型。

2.1　感知数据收集

近年来,无线传感器网络在很多领域得到了广泛应用,主要概括为三大类别:①事物监测,如环境监测、建筑物结构监测、生产过程监测、人体医疗健康监测等;②事件检测,如入侵检测、火灾检测等;③目标跟踪,如车辆跟踪、轨迹确认等。在这些应用中,无线传感器网络作为物联网中人类感知物理世界的一种重要工具,主要功能是通过无线传感器节点协作进行数据收集[1, 2]。

按照数据收集模式的不同,可以将无线传感器网络分为固定部署传感器网络与移动传感器网络两种。在固定部署传感器网络研究中,网络拓扑通常由位置固定的传感器节点和汇聚节点(Sink 节点)组成,数据收集则采用多点到单点的汇聚方式进行。固定部署传感器网络通常需要密集部署大量节点保证网络覆盖和连通性,因此在大规模应用中成本较高、可扩展性较差。另外,固定部署传感器网络中数据流遵循多对一模式,离 Sink 节点较近的传感器节点需要承担更多的通信负载,容易过早耗尽自身的能量而出现能量空洞问题。

为了解决固定部署传感器网络中存在的问题,近年来研究人员提出各种移动传感器网络方案来进行数据收集[2]。根据节点的移动特点可以将其分为节点随机移动的传感器网络和节点受控移动的传感器网络。在随机移动传感器网络中,通常将节点安置在随机移动的载体上,例如,将传感器节点安装在随机移动的机器人上进行目标探测,或者将传感器节点安装在野生动物身上收集信息研究其生活习性或迁徙特性等。在受控移动传感器网络中,通过控制节点的移动轨迹来收集监测区域的感知数据。根据移动节点的数据收集模式可以将其分为基于移动 Sink 的数据收集、基于单跳通信的数据收集和基于数据汇集点的数据收集。在基于移动 Sink 的数据收集中,Sink 节点不断地移动位置,无线传感器节点通过多跳通信的方式将感知数据传输给移动的 Sink 节点。在基于单跳通信的数据收集中,移动节点需要访问监测区域的每个兴趣点,并通过单跳的通信方式获取感知数据,或者是相遇的两个节点通过单跳的通信方式交换数据,最终通过单跳的通信方式将数据上报给 Sink 节点。在基于数据汇集点的数据收集中,固定部署的传感器节点预先通过多跳通信的方式将网络中的感知数据集中到移动节点的移动路径附近的传感器节点上,然后通过移动节点将数据带回 Sink 节点。

2.1.1　固定部署传感器网络中的数据收集

下面我们分别介绍固定部署传感器网络中的覆盖问题和数据收集协议。根据不同的应用对覆盖的定义和要求,通常可以将固定部署传感器网络中的覆盖分为区域覆盖、点覆盖和路径覆盖三种。

(1) 区域覆盖

区域覆盖是最常见的一种覆盖问题,主要用于对某个区域进行监测。理想情况下,要求监测区域内的每个点至少被一个传感器节点所覆盖,其现实意义在于实现监测区域的最大化覆盖。目前,比较成熟的方法是采用轮换"活跃"和"休眠"节点的节能覆盖方案[3-6]，在保证一定网络覆盖要求的条件下，最大化轮换节点集合个数，从而达到延长网络生存时间的目的。连通性覆盖问题[7,8]考虑如何同时满足一定的感知覆盖和通信连通性需求，这对于一些要求可靠通信的应用至关重要。在目标监测应用中需要考虑目标定位、跟踪、分类等不同需求，例如，目标定位应用需要一个目标同时被至少三个传感器节点覆盖到才能进行定位。为此，文献[9,10]研究了 K 覆盖问题，即要求监测区域内的每一点至少被 K 个传感器节点同时覆盖。

（2）点覆盖

点覆盖只需对监测区域内有限个离散的兴趣点进行监测，研究目的在于保证每个兴趣点在任意时刻至少被一个传感器节点所覆盖[11]。当大规模传感器节点随机密集部署时，上述区域覆盖问题也可转化为点覆盖问题来做近似研究，即通过覆盖每个传感器位置来近似给定区域内所有点的覆盖[12]。

（3）路径覆盖

在目标监测应用中，人们通常关心某个移动目标沿任意路径穿越传感器网络部署区域时被检测到或没被检测到的概率。这类问题属于"路径覆盖"，其目标在于找出连接初始位置和目的位置的一条或多条路径，使得这样的路径在不同模型下提供对目标的不同感知/监测质量。文献[13,14]研究了最坏与最佳情况覆盖问题，其中最坏情况是指考察所有穿越路径中目标不被传感器节点检测到的概率最小情况，而最佳情况是指考察所有穿越路径中目标被传感器节点检测到的概率最大情况。文献[15-17]研究了暴露穿越问题，同时考虑了目标暴露的时间因素和传感器节点对于目标的感应强度因素，这种覆盖模型更符合实际环境中移动目标由于穿越监测区域的时间增加而感应强度累加值增大的情况。文献[18]提出了一种新的仿生优化方法解决路径覆盖优化问题。

从网络拓扑结构的角度我们可以将固定部署传感器网络的数据收集协议分为平面路由和分簇路由两种。

（1）平面路由

在平面路由协议中，所有节点的地位是平等的，它们通过相互之间的局部操作和信息反馈来生成路由。典型的路由协议有洪泛（flooding）[19]、SPIN（sensor protocol for information via negotiation）[20]、SAR（sequential assignment routing）[21]、定向扩散（directed diffusion）[22]等。平面路由的优点是简单、易扩展，不需要进行任何结构维护工作；其缺点是网络中无管理节点、缺乏对通信资源的优化管理、自组织协同工作算法复杂、对网络动态变化的反应速度较慢等。

（2）分簇路由

在分簇路由协议中，网络按照某种规则在地理上被划分为簇（cluster），网络中的节点则划分为簇头（cluster head）和簇内成员（cluster member）两类。在每个簇内，根据一定的机制算法选取某个节点作为簇头，用于管理或控制整个簇内成员节点，协调成员节点之间的工作，负责簇内数据的收集、融合处理以及簇间转发。典型的分簇路由协议有LEACH（low energy adaptive clustering hierarchy）[23]、TEEN（threshold sensitive energy efficient sensor network protocol）[24]、PEGASIS（power-efficient gathering in sensor information system）[25]、HEED（hybrid energy-efficient distributed clustering）[26]、ACE（algorithm for cluster establishment）[27]等。与平面路由协议相比，分簇路由协议的优点在于能够减少数据传输延迟、增强网络的可扩展性以及易于实现数据聚合。

我们将固定部署传感器网络中数据收集研究的理论成果总结为图 2-1。

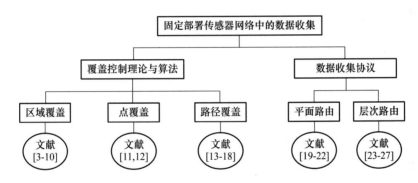

图 2-1　固定部署传感器网络中的数据收集研究分类

2.1.2　移动传感器网络中的数据收集

下面我们分别介绍移动传感器网络中的覆盖问题和数据收集协议。根据节点的移动特点，通常可以将覆盖分为随机移动传感器网络的覆盖和受控移动传感器网络的覆盖两种。

（1）随机移动传感器网络的覆盖

随机移动传感器网络的覆盖主要关注目标检测应用，即通过节点的连续随机移动来改善网络覆盖，使监测区域内的每个点可以在特定的时间延迟内被覆盖到。文献[28]首先分析了在特定时间延迟内的区域覆盖率和入侵目标被检测到的时间间隔；文献[29]调查了包含固定部署传感器节点和移动传感器节点的混合型传感器网络的目标检测性能；

文献[30]调查了节点具有不同感知半径的异构移动传感器网络的覆盖问题;文献[31]在同时考虑通信延迟和节点缓冲区溢出问题的情况下对目标检测延迟进行建模分析。

（2）受控移动传感器网络的覆盖

受控移动传感器网络的覆盖主要针对监测区域内有限个离散的兴趣点进行监测,可看作点覆盖,通过控制传感器节点的移动速度和移动路径,使每个兴趣点在特定的时间延迟内被覆盖到。文献[32]关注事件探测应用,假定监测区域内有多个离散的兴趣点,每个兴趣点以一定概率发生随机事件,并持续一段时间。该文献将覆盖质量定义为事件未探测到的概率,并分析了覆盖质量与节点移动速度、移动路径,以及节点个数之间的关系。文献[33]研究了扫视覆盖（sweep coverage）问题,即给定一个兴趣点集合及每个兴趣点被覆盖的时间延迟限制,研究如何规划每个移动节点的移动路径,从而使用最少的移动节点个数满足每个兴趣点的覆盖需求。文献[34]进一步研究了即时扫视覆盖（timely sweep coverage）问题,既保证每个兴趣点在指定时间延迟内被周期性覆盖,同时保证收集到的感知数据在指定时间延迟内上报给 Sink 节点。文献[35]针对包含固定部署传感器节点和移动传感器节点的混合型传感器网络,提出了一个节点移动算法使固定部署节点无法覆盖到的区域能被移动节点覆盖到的时间最大化。

移动传感器网络的数据收集协议通常可以分为基于移动 Sink 的数据收集、基于单跳通信的数据收集和基于数据汇集点的数据收集三种。

（1）基于移动 Sink 的数据收集

Sink 节点的移动性主要用来平衡网络中节点的负载与能耗,解决能量空洞问题。相关研究主要集中在两个方面:一是研究如何移动 Sink 节点达到优化网络性能的目的[36, 37];二是研究在 Sink 节点移动过程中如何传输数据,即实时路由问题[38-40]。

（2）基于单跳通信的数据收集

基于单跳通信的数据收集主要有两种表现形式:第一种形式称作延迟容忍移动传感器网络[41],其本质上是一种典型的移动机会网络（mobile opportunistic network）[42, 43]或延迟/中断容忍网络（delay/disruption tolerant network，DTN）[44],主要用于收集人或动物的生活习性和生存环境等信息。例如,文献[45]提出"数据骡"（data mule）方法,利用监测区域中随机游走的汽车、动物或人等移动实体来定期收集稀疏传感器网络中各个传感器节点采集到的数据;文献[46]采用 ZebraNet 系统监测斑马的生活习性;文献[47]采用 SWIM 系统收集鲸鱼的生物信息。这种形式的数据收集主要采用"存储-携带-转发"的机会转发方法。第二种形式则主要通过控制传感器节点的移动速度与移动路径来收集监测区域内若干个兴趣点的信息,通常与上述受控移动传感器网络的覆盖问题密切相关。

（3）基于数据汇集点的数据收集

基于数据汇集点的数据收集与基于移动 Sink 的数据收集都需要通过多跳的方式传输数据，其最大的区别在于前者需要先将数据在指定的传感器节点（数据汇集点）上缓存一段时间，而后者直接将数据传输到移动 Sink 节点。相关研究主要关注如何选择数据汇集点的位置和数量，以及如何优化移动节点的移动路径，达到平衡网络中节点的负载与能耗，最大化网络寿命的目的[48-50]。

我们将移动传感器网络中数据收集研究的理论成果总结为图 2-2。

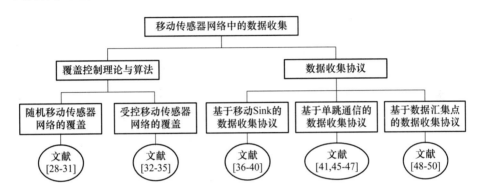

图 2-2 移动传感器网络中的数据收集研究分类

2.1.3 移动群智感知网络中的数据收集

最初，移动群智感知应用大多采用基于基础设施的传输模式，即用户通过移动蜂窝网络（如 GSM、2G/3G/4G）或 Wi-Fi 接入点与互联网连接来上报感知数据。然而，这种传输模式不适用于网络覆盖差或缺少通信基础设施（例如，在台风、地震等灾难事件发生时通信基站会遭到严重破坏）的场景，而且会消耗用户的数据流量，并对移动蜂窝网络造成压力。为了减少对通信基础设施的依赖和降低通信开销，移动用户之间可以采用一种"弱"连接的方式，依靠移动节点之间的相互接触，采用"存储-携带-转发"的机会传输模式在间歇性连通的网络环境中传输感知数据，这种传输方法在移动机会网络或延迟/中断容忍网络中得到了广泛的关注和研究。然而，传统移动机会网络中的大部分路由算法并不是专门针对移动群智感知网络中的数据收集而设计的，因而常常缺乏对特定应用的感知质量需求、感知数据的特点、网络构成方式等方面的考虑。

最近几年，移动群智感知网络中的机会数据收集问题引起了学者们的关注。实际上,移动群智感知网络中的机会数据收集模式与延迟容忍移动传感器网络的数据收集模式最为相似。一方面,它们都采用"存储-携带-转发"的机会转发方法进行数据传输;另一方面,它们都是面向数据收集应用,都要考虑与之密切相关的一些要素,包括特定应用的感知质量需求、感知数据的特点、网络构成方式等,而传统的机会转发方法主要关注的是用户个体感兴趣数据的共享和分发,因而并不关注这些要素。下面,我们分析移动群智感知网络中机会数据收集模式所关注的三个要素并介绍相关的代表性研究。

(1)特定应用的感知质量需求

不同类型的数据收集应用通常有不同的感知质量需求,一般涉及时空覆盖质量和数据质量两个方面,前者关注是否能采集到足够多的数据,而后者关注数据是否足够准确和可信[51]。由于移动群智感知网络是利用参与用户的移动性来扩展感知覆盖范围,因此时空覆盖质量与人类的移动模式密切相关,而人类的移动模式是非常复杂的,既有一定的随机性,又存在一些有趣的规律,这种复杂的移动模式使得我们很难对时空覆盖质量进行度量,甚至缺少统一的度量指标。同时,由于参与用户数量和人的移动范围所限,总是存在一些区域在某些时间没有任何用户采集感知数据,即所谓的"感知盲区"问题。针对这些问题,我们提出将覆盖间隔时间作为度量指标[52],基于北京和上海出租车的移动轨迹数据集,分析了覆盖间隔时间的分布模型,建立了整个感知区域的覆盖率与节点个数关系的表达式(详见本书第3章)。在空间维度上,我们将一个监测区域的环境现象看作一个图像,提出了类似于图像分辨率的"城市分辨率"度量指标,用来描述感知图像的质量,并通过实际轨迹数据,定量分析了城市分辨率与节点个数的关系[53]。Chon等人[54]则设计了以地点为中心的移动群智感知系统CrowdSense@Place,收集了大量用户数据,从中得到一些有趣的统计结果,并分析了地点覆盖率与系统规模之间的关系。为了满足特定的感知质量需求,研究者们还设计了各种数据收集方法。其中,我们主要关注环境监测类应用,分别提出了协作机会感知方法[55](详见本书第5章)和协作机会传输方法[56](详见本书第6章)以节省能量和通信成本的方式满足指定的覆盖质量需求;Zhang和Xiong等人考虑了类似的覆盖质量需求,分别提出了参与者选择方法[57]和能量有效的数据传输方法[58];Wu等人[59]考虑的是在灾难恢复场景或战场环境下,移动通信基础设施遭到破坏,需要采用机会转发的模式收集现场环境的各种图像,关注的是所采集的图像信息对现场环境的空间覆盖情况。

(2)感知数据的特点

各种感知应用收集到的数据往往是对某种环境现象或某种场景的描述,数据之间具有很强的内在关联性。例如,感知区域内的某个地点在某个时间的空气质量可以代表其周围一片区域在某个时间段的空气质量,所以我们只需要一片区域的某个点被周期性地采集数据,而不要求该区域的每个点在任意时间都要采集数据,这就体现了环境感知数据的时空相关性特点。传统的机会转发方法都没有考虑感知数据的时空相关性特点及其对网络传输性能的影响。为此,我们提出了将机会转发与数据融合相结合的方法[56](详见本书第 6 章),一方面正是利用感知数据的时空相关性;另一方面则是考虑用户可能仅对感知数据的聚合结果(如温度或噪声的平均值)感兴趣的应用需求,通过数据融合可以有效地减少数据冗余和网络负载。虽然在无线传感器网络的研究中已经提出了许多支持数据融合的路由协议[60],但我们首次在移动机会网络中提出了支持数据融合的机会转发机制。另外,Wu 等人[59]考虑的则是图像感知数据的特点,利用所拍摄图像的位置、角度、视角等元数据信息来判断不同图像数据之间的相关性和冗余度,仅选择冗余度低的重要的图像数据进行转发,从而提高数据传输的效率,减少网络传输负载和节点的能量消耗。

（3）网络构成方式

传统的移动机会网络中的节点一般仅起到数据转发的作用,而在面向数据收集的移动群智感知网络中,可能会存在静态汇聚节点、动态汇聚节点、一般感知和传输节点等多种类型的节点来协同进行数据收集,将对数据传输的性能产生重要影响。图 2-3 显示了一个机会数据收集过程的示意图,包含机会感知和机会传输两部分。其中,$P_1 \sim P_4$ 表示感知区域内四个需要提供周期性监测服务的兴趣点;$U_1 \sim U_5$ 是五个普通的移动节点,既能采集兴趣点所在感知范围内的感知数据,也能将感知数据转发给传输范围内的其他移动节点或汇聚节点;MS 是一个具备足够电池电量和数据流量计划的特殊移动节点,所以可以作为一个汇聚节点将数据通过蜂窝网络(如 2G/3G/4G)直接上传到服务器;SS 是一个静态的 Wi-Fi 接入点,所以也可以作为一个汇聚节点将数据通过 Wi-Fi 连接直接上传到服务器。需要注意的是,为了保留电池电量和节省数据流量费用,普通移动节点不能直接将数据上传到服务器,但是可以通过"存储-携带-转发"的机会转发模式将数据间接投递到服务器。我们在文献[61](详见本书第 4 章)中初步分析了感知延迟和传输延迟随着移动节点个数、移动速度、感知半径和传输半径的变化规律,并且调查了汇聚节点的部署机制(单个汇聚节点或多个汇聚节点,静态汇聚节点或移动汇聚节点)和传输机制(直接传输机制或传染传输机制)对传输延迟的影响,还提出了一个称为"数据收集延迟"的性能指标来综合考虑感知延迟和传输延迟,并分析了其在各种情况下的分布规律。Wang 等人[62,63]则将参与数据传输的用户分为包月用户和非包月用户两种,其中包月用户支付固定的套餐费用即可使用无限制的数据流量,因此不关注花费多少流量但更关注传输数据会耗费多少手机电量;而非包月用户使用多少流量就相应地支付多少费用,因此更关注节省数据流量。为此他们设计了一些数据传输机制,通过为用户分配合理的流量使用计划[62],以及使用户在合适的时机通过合适的方式传输数据[63]来实现节省电量和传输成本的目的。

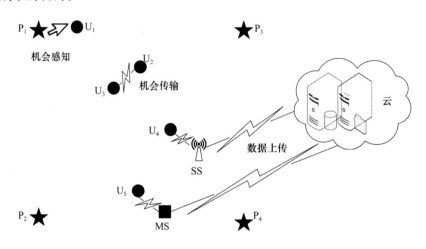

图 2-3　移动群智感知网络的机会数据收集过程

2.2　激励机制

尽管传统的传感器网络不涉及用户激励问题,但激励机制在其他网络问题中已经积累了一些研究成果。例如,在 P2P 网络中用户之间需要采取激励机制来交换所需的资源和服务[64];在无线频谱分配问题中通常使用拍卖机制来交易频谱资源;在机会网络或容迟网络中需要采取激励机制鼓励用户相互协作来转发数据。常用的机制包括基于信誉度的激励机制[65]、基于等价交换的激励机制[66]和基于虚拟货币的激励机制[67]。然而,这些激励机制考虑各自不同的问题模型,不能直接应用于移动群智感知网络之中。

最近几年,移动群智感知网络的激励机制问题引起了学术界的广泛关注。一般来说,用户参与移动群智感知任务的动机有三种:①用户把参与移动群智感知任务本身当作一种娱乐活动,参与的过程是某种程度上的精神享受,与此同时能够顺便完成一些感知任务;②用户通过参与移动群智感知任务收集到的感知数据有利于构建某种系统服务,从"人人为我,我为人人"的角度讲,用户既可以为他人提供服务,也可以使自己获得相应服务;③用户通过参与移动群智感知任务可以直接获得类似货币形式的报酬。相应地,移动群智感知网络中的激励机制可以分为如下三类。

（1）娱乐激励。这种激励机制通常将感知任务转化为基于位置的移动感知游戏,使用户在参与游戏的过程中自动地利用所携带的移动感知设备采集各种所需要的感知数据。设计这种机制的关键是要保证感知游戏有足够的趣味性。

（2）服务激励。在这种激励机制中,用户充当双重角色,既是服务的消费者,也是服务的生产者。如果某个用户想使用系统提供的某种服务,他就必须要为该系统服务提供相应的贡献。

（3）货币激励。这种激励机制直接给予参与感知任务的用户一定数额的货币或等同于货币的报酬(如礼品或者可以兑换礼品的积分)。

以上三种激励机制的侧重点和应用范围不同。其中,娱乐激励和服务激励统称为"非货币激励",它们非常依赖感知任务的类型,因而限制了应用范围,而货币激励则更多地应用于通用的移动群智感知平台,适用于各种各样的感知任务类型。另外,这三种激励机制也不都是独立使用的,也常常需要相互结合使用。例如,很多感知游戏给用户提供了娱乐激励,用户可以通过游戏赚取积分,而积分可以兑换礼品,这就同时给用户提供了货币激励。再例如,在一些应用系统中,用户通过参与感知任务为系统平台中的其他用户提供服务,同时也可以赚取积分,对于也需要使用该系统服务的用户,他可以用积分兑换服务使用权,而对于不需要使用系统服务的用户,则可以用积分兑换礼品或直接兑换相应的货币,这种方式则是服务激励与货币激励的结合。下面,我们将分别介绍采用这三种激励机制的代表性工作。

2.2.1 娱乐激励

娱乐激励主要是通过合理的设计把移动感知任务隐含在基于位置的移动游戏中,用户在参与游戏的过程中不断移动位置,而系统在用户移动的过程中自动收集所需要的感知数据。根据所收集的数据类型,可以将娱乐激励分为三类:地理位置数据收集游戏、网络基础设施数据收集游戏、地理知识数据收集游戏。不管采集哪种数据类型,其数据收集过程通常是隐含的,用户只知道是在玩游戏,并不知道或不在意这背后隐藏的其他目的。

（1）地理位置数据收集游戏

地理位置数据通常是基于位置的移动游戏可以收集的基本数据,根据位置精度需求,可以使用 GPS、Wi-Fi、GSM 等不同的定位手段确定用户的位置信息。伴随着用户的移动轨迹,可以同时利用移动设备配置的传感器自动收集所需的感知数据,例如,收集某个区域的环境噪声构建噪声地图。文献[68]将井字棋从传统棋盘拓展到人们的物理活动空间,设计了一个基于位置的井字棋游戏 GeoTicTacToe;类似的用于收集地理位置数据的游戏还有文献[69]介绍的复活节彩蛋游戏、文献[70]介绍的 cityPoker 游戏等。设计这些游戏的一个基本原则是激励用户尽可能频繁地移动,从而贡献大量的移动轨迹数据;另外要考虑的一个因素是尽量平衡好游戏对玩家使用脑力推理和身体移动的需求,因为在参与过程中需要经常移动很长的距离,因此设计游戏时要减少用户之间不同速度的影响,否则在游戏中运动速度快的用户将很快占据优势,使得游戏对速度慢的用户缺少吸引力。

(2) 网络基础设施数据收集游戏

收集各种无线网络基础设施的信号覆盖数据,构建 GSM、Wi-Fi 等无线信号覆盖地图对于无线网络运营商和使用这些无线网络的个体用户及基于位置的服务企业都是非常有价值的。有了无线信号覆盖地图,无线网络运营商就可以有针对性地改善网络部署状况,普通用户就知道到哪个地方上网比较方便。文献[71]为收集区域内的 Wi-Fi 覆盖数据设计了基于位置的宠物喂养游戏"Feeding Yoshi";类似的用于收集网络基础设施数据的游戏还有文献[72]设计的寻宝游戏 Treasure 和文献[73]设计的游戏 Hitchers 等。这类游戏的共同点是通过一定的游戏策略激励用户在某个区域内移动,以此来得到这一区域内覆盖更广更全的网络基础设施相关数据,同时在游戏中通常加入利用游戏积分或优惠券的方式来吸引用户参与。

(3) 地理知识数据收集游戏

地理知识数据是指用户为某个地理位置收集的相关服务信息集合,如地图上的兴趣点(POI)类型、餐馆评分、博物馆开放时间等。文献[74]设计了一个用照片或文字为地理位置贴标签的游戏 EyeSpy;类似的用于地理知识数据收集的游戏还有文献[75]设计的游戏 CityExplorer,同样是用户在游戏区域内创建位置标签获得积分。这些游戏的共同点是在特定的位置产生活跃的数据,得到一些地理位置相关的服务信息。

2.2.2 服务激励

服务激励的基本特点是,用户既是服务的消费者,也是服务的生产者。换句话说,用户之间是等价交换的关系。一般来讲,这里的等价交换可以采取直接交换和间接交换两种形式。

（1）直接交换形式的服务激励

用户之间可以直接相互交换服务，就像在货币出现之前的古代社会，张三可以用他的牛直接交换李四的羊，而用户也可以在为他人提供服务的同时立刻获取他人为自己提供的服务。这种方式比较简单直接，也比较容易在实际系统中实现和大规模应用。Deng 等人[76]设计了基于移动群智感知的商品比价系统 LiveCompare。在该系统中，如果用户想要获取某个商品的比价信息，首先需要对该商品进行拍照，拍照内容一般包括该商品的识别条码和价格信息，然后将照片上传到系统，系统会自动识别照片中的商品信息并为用户提供该商品在其他售卖场所的价格。因此，在 LiveCompare 系统中，用户想要获取商品比价服务，首先要自己提供该商品的价格信息来交换获得服务。类似的应用系统还有 DietSense[77]，在该系统中用户可以对他们某顿饭中享用的美食进行拍照并在社区中分享，系统会分析用户的饮食习惯并与其他用户进行对比。从这类应用可看出两个特点：一是用户获取的服务和所提供的服务具有直接相关性，二是用户所提供的服务和获取的服务在时间上是前后紧密相连的。简单来说，就是用户每次需要服务之前，需要自己先提供一次服务，然后就立刻可以获得对应的服务。

（2）间接交换形式的服务激励

用户之间也可以间接交换服务，就像在现代商品社会，我可以用我提供的服务换取相应的积分或货币，然后再用这些积分或货币来换取别人为我提供的服务，这种形式与货币激励比较相似，从某种意义上可以说是借用货币激励来实现服务激励，但与纯粹的货币激励的区别在于，在服务激励中用户从系统获得的奖励是用来在该系统中获取对应的服务，而在纯粹的货币激励中用户可能只为系统提供服务，而自己本身不需要服务，但是用户所获得的奖励是真实的货币，可以在该系统之外使用。文献[78]设计了一种应用于停车位信息共享的服务激励及平台 TruCentive，其核心功能是收集停车位信息，为可用停车位信息提供者和信息消费者"交换"信息提供一个平台。该平台利用系统积分的形式作为激励，向平台提供可用信息可以得到积分，想要获取平台提供的信息需要消耗积分，整个系统以积分作为媒介利用服务激励的方式鼓励用户的参与。

2.2.3 货币激励

为用户参与移动群智感知任务时收集到的感知数据付费是一种最直观的激励方式。本质上讲，就是将这些感知数据当作自由市场中可以买卖的商品。任何想要赚钱的用户都可以将他收集到的感知数据卖给某个感知任务的发布者。接下来，我们将首先介绍一些通用的货币激励型群智感知平台,它们已经积累了大量的用户,可以完成各种各样的任务,为各种企业和研究机构等提供数据收集服务。但是,目前这些平台使用的激励机制相对比较单一,不够灵活多样。为此,研究者们进行了更为深入的研究,既包括一些实验性研究,也包括相关基础理论体系的建立,以及适用于不同应用场景、满足不同目标、更复杂多样的激励机制的设计和论证。我们将在本节对相关研究成果进行概述。

(1)通用的货币激励型群智感知平台

早在 2005 年年底,网络中就首次出现了通用的货币激励型众包平台——Amazon Mechanical Turk(AMT,http://aws.amazon.com/mturk/),随后国内外各种众包平台如雨后春笋般涌现出来。例如,CloudCrowd(http://www.cloudcrowd.com/)是一个提供各种任务的工作平台,使用者仅需通过 Facebook 账号参与,完成指定的工作即可赚取微薄的报酬;CrowdFlower(http://crowdflower.com/)也是一个类似的平台,通过特殊的评价机制管理使用者的工作质量;而 InnoCentive(https://www.innocentive.com/)使科学研究者或企业家可以在网站平台上针对研究或开发新产品过程中遇到的问题寻求解决办法,并让发问者通过匿名的方式将问题众包给各地的精英们并提供报酬。国内比较著名的众包平台包括任务中国(http://www.taskcn.com/)和猪八戒网(http://www.zbj.com/)等,基本上是在 2006 年同时推出市场的,它们将用户划分为雇主和工作者两种:雇主指有需求等待实现的人群,发布的任务需求有创意设计、营销推广、程序开发、文案写作、商务服务、装修服务、生活服务、配音影视服务等各种类型;工作者指为雇主解决需求的人群,可以是自由职业者、工作室或中小企业等,通常将这类人群形象地称为“威客”,泛指那些通过互联网把自己的智慧、知识、能力、经验转换成实际收益的人,他们在互联网上通过解决科学、技术、工作、生活、学习中的问题从而让知识、智慧、经验、技能体现经济价值。

移动群智感知任务与传统的众包任务有许多相似之处,但一个重要的区别在于移动群智感知任务通常是用户在正常活动时利用所携带的移动设备来完成的,因而与用户的位置或移动路径有密切关系,也可看作“基于位置的众包”。近年来,在货币激励型的众包平台产生之后,随着智能手机的快速普及,通用的货币激励型群智感知平台也迅速出现,帮助众多企业和研究机构随时随地完成各种任务。例如,微软 Bing 地图就和移动群智感知平台 Gigwalk(www.gigwalk.com)达成合作,在美国 3 500 个城市发布超过 10 万个关于实地拍摄的需求,这些收集来的数据最后整合到 Bing 地图中;移动群智感知平台 Jana 则与宝洁(P&G)、联合利华(Unilever)、达能(Danone)、微软(Microsoft)等多家商业公司达成合作,为它们提供线下的商品调查和商品推广等服务。国内比较著名的移动群智感知平台包括微差事(http://www.weichaishi.com/)、拍拍赚(http://www.ppznet.com/)等。

(2)面向货币激励的应用实验研究

在实施货币激励时,到底需要花多少钱才能找到足够多的参与用户,既能满足应用需求,又不造成资金浪费,这是一个有趣而实际的问题,近年来引起了学者们的关注。Musthag 等人在文献[79]中设计了一项针对不同货币激励方式有效性的实验,其中实验人员询问参与者一系列问题,通过参与者身上的可穿戴智能设备收集参与者回答问题时的生理、心理以及压力状况等一系列反应的数据,对回答问题的用户采用了确定金额、可变金额、不可知金额三种激励方式,结果表明,在同等工作量的前提下,可变金额方式比确定金额方式的支出总额减少了 50%,而不可知金额的激励方式效果最差。Reddy 等人[80]研究了不同的微支付机制对用户参与积极性的影响,涉及的实验内容是学校中的垃圾回收实践活动;Rula 等人[81]在一个公司会议过程中开展了两天的实验,涉及 96 个参与者,对比了微支付机制和基于彩票的机制的激励效果;Celis 等人[82]使用 MTurk 平台设计实验,评估了基于彩票的激励机制的优缺点;Rokicki 等人[83]使用 MTurk 平台开展了一系列实验,对比了线性奖励、基于竞争的激励和基于彩票的激励三种方式的激励效果,并进一步在后续工作[84]中调查了团队合作对提高成本有效性方面的重要作用。我们也将线性奖励、基于竞争的激励和基于随机红包的激励机制应用于收集基于位置的图像,并在六周的实验过程中变换不同的激励机制,评价它们在长期数据收集过程中的性能影响[85](详见本书第 10 章);还将激励树机制(详见本书第 9 章)应用于一个实际的校园寻宝游戏实验中进行性能评估[86](详见本书第 10 章)。

(3)面向货币激励的博弈论方法

相比娱乐激励和服务激励,货币激励更直接地考虑移动群智感知平台(以下简称"平台")与参与用户的金钱利益关系。尤其是在一些复杂的应用场景下,面对多种多样的目标需求,平台与用户为了各自的利益最大化,会自然地形成互相博弈的关系。因此,各种博弈论方法在货币激励的研究中起着至关重要的作用。根据平台与用户的交互方式不同,可将货币激励机制分为"以平台为中心"和"以用户为中心"两种模式。

- 以平台为中心的激励机制。在以平台为中心的模式中,首先由平台指定总报酬,然后用户决定是否参与,并且根据各自完成的任务量来分享报酬。文献[87]将这种模式建模为斯塔克尔伯格博弈来研究,在假定所有用户的感知成本已知的情况下(即"完整信息"的情况),首先通过纳什均衡来确定用户的任务分配方案,然后通过斯塔克尔伯格均衡来最大化平台的效用;文献[88]同样将这种模式建模为斯塔克尔伯格博弈来研究,但进一步考虑了平台和用户均仅知道所有用户的感知成本的累积分布函数的情况(即"对称不完整信息"的情况),以及每个用户只知道自己的感知成本而平台知道所有用户的感知成本的累积分布函数的情况(即"非对称不完整信息"的情况)。基于斯塔克尔伯格博弈的激励机制可以产生具备理论保证的方案,但它的缺点是需要知道所有用户的成本或者其概率分布,这会限制这类机制的实际应用,因为在实际应用中用户的成本通常是别人不知道的隐私信息。

- 以用户为中心的激励机制。在以用户为中心的模式中,首先由用户向平台报价,然后平台从中选择性价比高的用户来完成任务,并支付给用户相应的报酬。与以平台为中心的模式相比,它仅需要用户评估自己的感知成本,而平台和其他用户不能得知任何关于该用户的信息。在这种模式下,研究者通常使用各种拍卖模型来设计激励机制,包括第二价格拍卖、VCG 拍卖、组合拍卖、多属性拍卖、全支付拍卖、双向拍卖等。文献[89]设计了一个第二价密封拍卖机制(sealed-bid second-price auction)使平台评估用户感知数据的价值并给予相应的报酬;文献[90]设计了一个基于逆向拍卖的动态价格激励机制,允许用户使用宣称的报价来连续售卖他们的感知数据给平台,同时平台能够以稳定的最小报酬维持充足的用户参与感知;文献[91]同样采用基于逆向拍卖的动态价格激励机制,但进一步考虑了用户基于位置进行感知,而平台需要满足覆盖约束和预算约束的情况;文献[87]设计了一个基于拍卖的激励机制,并证明该机制可以满足计算有效性、个人合理性、可盈利性、真实性等重要特性。文献[92]采用 VCG(Vickrey-Clarke-Groves)拍卖模型设计了激励机制,其中分配规则在每个时间段内按照最大化社会福利规则来选择用户并分配任务,支付规则对每个被选择的用户按照对其他用户造成的损害值来确定支付的报酬,更新规则根据用户的可信度来调整更新分配规则。文献[93]采用组合拍卖模型设计了激励机制,其中参与用户可以根据所在位置和感知范围来对多个感知任务进行竞标,平台则根据汇总的参与用户竞标情况来进行任务分配和支付报酬。文献[94]采用多属性拍卖设计了激励机制,不仅考虑参与率问题,还考虑感知数据的质量问题,平台能够通过拍卖过程影响感知数据质量,同时,参与用户也能够通过拍卖结果的反馈来提高自身感知数据的质量,从而提高竞标价格。文献[95]基于全支付拍卖模型设计了激励机制,平台只支付参与者中贡献最大的竞标者,而不是所有参与者,同时支付给参与者的报酬不是固定值,而是关于所有参与者最大贡献的函数,在此基础上提出了利润最大化的策略。此外,在移动群智感知应用中,不同的参与者对位置隐私的敏感度不同,文献[96]采用双向拍卖模型来激励参与者加入位置隐私敏感者的激励行动中,以实现经典的 K 匿名位置隐私保护。以上介绍的各种货币激励机制都仅仅适用于离线场景,而不适用于用户在不同时间以随机顺序逐一在线到达的实际场景。为此,我们分别设计了预算可行型在线用户参与激励机制和节俭型在线用户参与激励机制,并通过理论和实验分析证明了它们可以满足一系列重要特性(详见本书第 7 章和第 8 章)。

以上激励机制通常假定系统中已经有大量用户并且知道任务存在。然而,该假定在很多现实应用场景中是不成立的。因此,最近几年,一些学者聚焦于设计激励树机制,既能够鼓励用户直接参与做出贡献,又能够鼓励用户招募更多的其他用户参与。其中,Emek 等人[97]提出了多层次营销(multi-level marketing)机制,通过社交网络推广产品;Drucker 和 Fleischer 等人[98]提出了一系列多层次营销机制,使其保留良好特性并易于实现;Zhang 等人[99]面向移动群智感知应用提出了能够抵御女巫攻击的激励树机制,并且适用于用户贡献模型为次模函数且时间敏感的情况;Lv 和 Moscibroda 等人[100]提出了两个系列的激励树机制,各自满足所需要的重要特性;Zhang 等人[101]设计了一个基于拍卖的激励树机制,联合了拍卖模型和激励树的优点;Wang 等人[102]提出了一个基于竞赛的激励树机制,从而提高参与者的努力程度,并能够抵御女巫攻击。然而,这些研究都没有考虑严格的预算限制。为此,我们提出了一个预算平衡的激励树机制,在保证总体支出等于所宣称的预算的同时,能够满足持续贡献激励、持续招募激励、报酬与贡献成正比、非营利的招募者绕过、非营利的女巫攻击五个重要特性[86](详见本书第 9 章)。

本章参考文献

[1] 任丰原,黄海宁,林闯,等. 无线传感器网络[J]. 软件学报,2003,14(7):1282-1291.

[2] 张希伟,戴海鹏,徐力杰,等. 无线传感器网络中移动协助的数据收集策略[J]. 软件学报,2013,24(2):198-214.

[3] Slijepcevic S, Potkonjak M. Power efficient organization of wireless sensor networks [C]. In Proc. of IEEE ICC, 2001:472-476.

[4] Yan T, He T, Stankovic J A. Differentiated surveillance for sensor networks[C]. In Proc. of ACM SenSys, 2003: 51-62.

[5] Tian D, Georganas N D. A node scheduling scheme for energy conservation in large wireless sensor networks [J]. Wireless Communications and Mobile Computing, 2003, 3(2): 271-290.

[6] Ye F, Zhong G, Cheng J, et al. PEAS: a robust energy conserving protocol for long-lived sensor networks[C]. In Proc. of IEEE ICDCS, 2003: 28-37.

[7] Kar K, Banerjee S, et al. Node placement for connected coverage in sensor networks [C]. In Proc. of IEEE WiOpt, 2003: 50-52.

[8] Wang X, Xing G, Zhang Y, et al. Integrated coverage and connectivity configuration in wireless sensor networks[C]. In Proc. of ACM SenSys, 2003: 28-39.

[9] Kumar S, Lai T H, Balogh J. On k-coverage in a mostly sleeping sensor network [C]. In Proc. of ACM MobiCom, 2004: 144-158.

[10] Hefeeda M, Bagheri M. Randomized k-coverage algorithms for dense sensor networks [C]. In Proc. of IEEE INFOCOM, 2007: 2376-2380.

[11] Cardei M, Du D-Z. Improving wireless sensor network lifetime through power aware organization[J]. Wireless Networks, 2005, 11(3): 333-340.

[12] Wu J, Dai F, Gao M, et al. On calculating power-aware connected dominating sets for efficient routing in ad hoc wireless networks [J]. Journal of Communications and Networks, 2002, 4(1): 59-70.

[13] Megerian S, Koushanfar F, Potkonjak M, et al. Worst and best-case coverage in sensor networks[J]. IEEE Trans. on Mobile Computing, 2005, 4(1): 84-92.

[14] Li X-Y, Wan P-J, Frieder O. Coverage in wireless ad hoc sensor networks[J]. IEEE Trans. on Computers, 2003, 52(6): 753-763.

[15] Meguerdichian S, Koushanfar F, Qu G, et al. Exposure in wireless ad-hoc sensor networks[C]. In Proc. of ACM MobiCom, 2001: 139-150.

[16] Meguerdichian S, Slijepcevic S, Karayan V, et al. Localized algorithms in wireless ad-hoc networks: location discovery and sensor exposure [C]. In Proc. of ACM MobiHoc, 2001: 106-116.

[17] Veltri G, Huang Q, Qu G, et al. Minimal and maximal exposure path algorithms for wireless embedded sensor networks[C]. In Proc. of ACM SenSys, 2003: 40-50.

［18］ Liu L，Song Y，Ma H，et al. Physarum optimization：a biology-inspired algorithm for minimal exposure path problem in wireless sensor networks［C］. In Proc. of IEEE INFOCOM，2012：1296-1304.

［19］ Hedetniemi S M，Hedetniemi S T，Liestman A L. A survey of gossiping and broadcasting in communication networks［J］. Networks，1988，18(4)：319-349.

［20］ Heinzelman W R，Kulik J，Balakrishnan H. Adaptive protocols for information dissemination in wireless sensor networks［C］. In Proc. of ACM MobiCom，1999：174-185.

［21］ Sohrabi K，Gao J，Ailawadhi V，et al. Protocols for self-organization of a wireless sensor network［J］. IEEE personal communications，2000，7(5)：16-27.

［22］ Intanagonwiwat C，Govindan R，Estrin D，et al. Directed diffusion for wireless sensor networking［J］. IEEE/ACM Trans. on Networking，2003，11(1)：2-16.

［23］ Heinzelman W R，Chandrakasan A，Balakrishnan H. Energy-efficient communication protocol for wireless microsensor networks［C］. In Proc. of the 33rd Annual Hawaii International Conference on System Sciences，2000：3005-3014.

［24］ Manjeshwar A，Agrawal D P. TEEN：a routing protocol for enhanced efficiency in wireless sensor networks［C］. In Proc. of IEEE IPDPS，2001：2009-2015.

［25］ Lindsey S，Raghavendra C S. PEGASIS：power-efficient gathering in sensor information systems［C］. In Proc. of IEEE Aerospace，2002：1125-1130.

［26］ Younis O，Fahmy S. HEED：a hybrid，energy-efficient，distributed clustering approach for ad hoc sensor networks［J］. IEEE Trans. on Mobile Computing，2004，3(4)：366-379.

［27］ Chan H，Perrig A. ACE：an emergent algorithm for highly uniform cluster formation ［C］. In Proc. of the 1st European Workshop on Wireless Sensor Networks，2004：154-171.

［28］ Liu B，Brass P，Dousse O，et al. Mobility improves coverage of sensor networks ［C］. In Proc. of ACM/IEEE MobiHoc，2005：300-308.

［29］ Wimalajeewa T，Jayaweera S. Impact of mobile node density on detection performance measures in a hybrid sensor network［J］. IEEE Trans. on Wireless Communications，2010，9(5)：1760-1769.

［30］ Wang X，Wang X，Zhao J. Impact of mobility and heterogeneity on coverage and energy consumption in wireless sensor networks[C]. In Proc. of IEEE ICDCS, 2011: 477-487.

[31] Wang C, Ramanathan P, Saluja K K. Modeling latency—lifetime trade-off for target detection in mobile sensor networks [J]. ACM Trans. on Sensor Networks, 2010, 7(1): 8.

[32] Bisnik N, Abouzeid A A, Isler V. Stochastic event capture using mobile sensors subject to a quality metric [J]. IEEE Trans. on Robotics, 2007, 23 (4): 676-692.

[33] Li M, Cheng W, Liu K, et al. Sweep coverage with mobile sensors[J]. IEEE Trans. on Mobile Computing, 2011, 10(11): 1534-1545.

[34] Zhao D, Ma H-D, Liu L. Mobile sensor scheduling for timely sweep coverage [C]. In Proc. of IEEE WCNC, 2012: 1771-1776.

[35] Wimalajeewa T, Jayaweera S K. A novel distributed mobility protocol for dynamic coverage in sensor networks[C]. In Proc. of IEEE GLOBECOM, 2010: 1-5.

[36] Basagni S, Carosi A, Melachrinoudis E, et al. Controlled sink mobility for prolonging wireless sensor networks lifetime[J]. Wireless Networks, 2008, 14(6): 831-858.

[37] Liang W, Luo J, Xu X. Prolonging network lifetime via a controlled mobile sink in wireless sensor networks[C]. In Proc. of IEEE GLOBECOM, 2010: 1-6.

[38] Luo J, Panchard J, Piórkowski M, et al. Mobiroute: routing towards a mobile sink for improving lifetime in sensor networks[C]. In Proc. of IEEE DCOSS, 2006: 480-497.

[39] Kusy B, Lee H, Wicke M, et al. Predictive QoS routing to mobile sinks in wireless sensor networks[C]. In Proc. of of ACM/IEEE IPSN, 2009: 109-120.

[40] Li Z, Wang J, Cao Z. Ubiquitous data collection for mobile users in wireless sensor networks[C]. In Proc. of IEEE INFOCOM, 2011: 2246-2254.

[41] Wang Y, Wu H. Delay/fault-tolerant mobile sensor network (dft-msn): a new paradigm for pervasive information gathering [J]. IEEE Trans. on Mobile Computing, 2007, 6(9): 1021-1034.

[42] Zhang Z. Routing in intermittently connected mobile ad hoc networks and delay tolerant networks: overview and challenges[J]. IEEE Communications Surveys & Tutorials, 2006, 8(1): 24-37.

［43］ Pelusi L，Passarella A，Conti M. Opportunistic networking：data forwarding in disconnected mobile ad hoc networks［J］. IEEE Communications Magazine，2006，44(11)：134-141.

［44］ 熊永平，孙利民，牛建伟，等. 机会网络［J］. 软件学报，2009，20(1)：124-137.

［45］ Shah R C，Roy S，Jain S，et al. Data mules：modeling and analysis of a three-tier architecture for sparse sensor networks［J］. Ad Hoc Networks，2003，1(2)：215-233.

［46］ Juang P，Oki H，Wang Y，et al. Energy-efficient computing for wildlife tracking：design tradeoffs and early experiences with ZebraNet［J］. ACM Operating System Review，2002，36(5)：96-107.

［47］ Small T，Haas Z J. The shared wireless infostation model：a new ad hoc networking paradigm (or where there is a whale，there is a way)［C］. In Proc. of ACM MobiHoc，2003：233-244.

［48］ Xing G，Wang T，Jia W，et al. Rendezvous design algorithms for wireless sensor networks with a mobile base station［C］. In Proc. of ACM MobiHoc，2008：231-240.

［49］ Luo J，Hubaux J-P. Joint sink mobility and routing to maximize the lifetime of wireless sensor networks：the case of constrained mobility［J］. IEEE/ACM Trans. on Networking，2010，18(3)：871-884.

［50］ Xing G，Wang T，Xie Z，et al. Rendezvous planning in wireless sensor networks with mobile elements［J］. IEEE Trans. on Mobile Computing，2008，7(12)：1430-1443.

［51］ 赵东，马华东，刘亮. 移动群智感知质量度量与保障［J］. 中兴通讯技术，2015，21(6)：2-5.

［52］ Zhao D，Ma H-D，Liu L，et al. Opportunistic coverage for urban vehicular sensing［J］. Computer Communications，2015，60：71-85.

［53］ Liu L，Wei W，Zhao D，et al. Urban resolution：new metric for measuring the quality of urban sensing［J］. IEEE Trans. on Mobile Computing，2015，14(12)：2560-2575.

［54］ Chon Y，Lane N，Kim Y，et al. Understanding the coverage and scalability of place-centric Crowdsensing［C］. In Proc. of ACM UbiComp，2013：3-12.

［55］ Zhao D，Ma HD，Liu L. Energy-efficient opportunistic coverage for people-centric urban sensing［J］. Wireless Networks，2014，20(6)：1461-1476.

[56] Zhao D, Ma H-D, Tang S, et al. COUPON: a cooperative framework for building sensing maps in mobile opportunistic networks[J]. IEEE Transactions on Parallel and Distributed Systems, 2015, 26(2): 392-402.

[57] Zhang D, Xiong H, Wang L, et al. CrowdRecruiter: selecting participants for piggyback crowdsensing under probabilistic coverage constraint[C]. In Proc. of ACM UbiComp, 2014: 703-714.

[58] Xiong H, Zhang D, Wang L, et al. EMC3: energy-efficient data transfer in mobile crowdsensing under full coverage constraint[J]. IEEE Transactions on Mobile Computing, 2015, 14(7): 1355-1368.

[59] Wu Y, Wang Y, Hu W, et al. Resource-aware photo crowdsourcing through disruption tolerant networks[C]. In Proc. of IEEE ICDCS, 2016: 374-383.

[60] Luo H, Liu Y, Das S. Routing correlated data in wireless sensor networks: a survey[J]. IEEE Network, 2007, 21(6): 40-47.

[61] Zhao D, Ma HD, Li Q, et al. A unified delay analysis framework for opportunistic data collection[J]. Wireless Networks, 2018, 24: 1313-1325.

[62] Wang L, Zhang D, Xiong H, et al. EcoSense: minimize participants' total 3G data cost in mobile crowdsensing using opportunistic relays[J]. IEEE Transactions on Systems, Man, and Cybernetics: Systems, 2016, 47(6): 965-978.

[63] Wang L, Zhang D, Yan Z, et al. Effsense: a novel mobile crowd-sensing framework for energy-efficient and cost-effective data uploading[J]. IEEE Transactions on Systems, Man, and Cybernetics: Systems, 2015, 45(12): 1549-1563.

[64] Feldman M, Lai K, Stoica I, et al. Robust incentive techniques for peer-to-peer networks[C]. In Proc. of ACM EC, 2004: 102-111.

[65] Lu R, Lin X, Zhu H, et al. Pi: a practical incentive protocol for delay tolerant networks[J]. IEEE Trans. on Wireless Communications, 2010, 9(4): 1483-1493.

[66] Li Q, Gao W, Zhu S, et al. A routing protocol for socially selfish delay tolerant networks[J]. Ad Hoc Networks, 2012, 10(8): 1619-1632.

[67] Chen B B, Chan M C. Mobicent: a credit-based incentive system for disruption tolerant network[C]. In Proc. of IEEE INFOCOM, 2010: 1-9.

[68] Schlieder C, Kiefer P, Matyas S. Geogames: designing location-based games from

classic board games[J]. IEEE Intelligent Systems,2006,21(5):40-46.

[69] Jordan K O,Sheptykin I,Gruter B,et al. Identification of structural landmarks in a park using movement data collected in a location-based game[C]. In Proc. of ACM SIGSPATIAL COMP,2013:1-8.

[70] Kiefer P,Matyas S,Schlieder C. Playing location-based games on geographically distributed game board[C]. In Proc. of PerGames,2007.

[71] Bell M,Chalmers M,Barkhuus L,et al. Interweaving mobile games with everyday life[C]. In Proc. of ACM CHI, 2006:417-426.

[72] Barkhuus L,Chalmers M,Tennent P, et al. Picking pockets on the lawn:the development of tactics and strategies in a mobile game[C]. In Proc. of ACM UbiComp,2005:358-374.

[73] Drozd A,Benford S,Tandavanitj N,et al. Hitchers:designing for cellular positioning [C]. In Proc. of ACM Ubicomp, 2006:279-296.

[74] Bell M,Reeves S,Brown B,et al. Eyespy:supporting navigation through play [C]. In Proc. of ACM CHI,2009:123-132.

[75] Matyas S,Matyas C,Schlieder C,et al. Designing location-based mobile games with a purpose:collecting geospatial data with CityExplorer[C]. In Proc. of ACM ACE,2008:244-247.

[76] Deng L,Cox L P. LiveCompare:grocery bargain hunting through participatory sensing[C]. In Proc. of ACM HotMobile,2009:1-6.

[77] Reddy S,Parker A,Hyman J,et al. Image browsing,processing,and clustering for participatory sensing:lessons from a dietsense prototype[C]. In Proc. of ACM EmNets,2007:13-17.

[78] Hoh B,Yan T,Ganesan D,et al. TruCentive:a game-theoretic incentive platform for trustworthy mobile crowdsourcing parking services[C]. In Proc. of IEEE ITSC,2012:160-166.

[79] Musthag M,Raij A,Ganesan D,et al. Exploring micro-incentive strategies for participant compensation in high-burden studies[C]. In Proc. of ACM Ubicomp,2011:435-444.

[80] Reddy S,Estrin D,Hansen M,et al. Examining micro-payments for participatory sensing data collections[C]. In Proc. of ACM Ubicomp,2010:33-36.

[81] Rula J P, Navda V, Bustamante F E, et al. No one-size fits all: towards a principled approach for incentives in mobile crowdsourcing[C]. In Proc. ACM HotMobile, 2014: 1-5.

[82] Celis LE, Roy S, Mishra V. Lottery-based payment mechanism for microtasks[C]. In Proc. of First AAAI Conference on Human Computation and Crowdsourcing, 2013: 12-13.

[83] Rokicki M, Chelaru S, Zerr S, et al. Competitive game designs for improving the cost effectiveness of crowdsourcing[C]. In Proc. of CIKM, 2014: 1469-1478.

[84] Rokicki M, Zerr S, Siersdorfer S. Groupsourcing: team competition designs for crowdsourcing[C]. in Proc. of WWW, 2015: 906-915.

[85] Ji X, Zhao D, Yang H, et al. Exploring diversified incentive strategies for long-term participatory sensing data collections[C]. In Proc. of BigCom, 2017: 15-22.

[86] Zhao D, Ma H-D, Ji X. Generalized lottery trees: budget-balanced incentive tree mechanisms for crowdsourcing[J]. IEEE Transactions on Mobile Computing, 2020. Early Access, DOI: 10. 1109/TMC. 2020. 2979459.

[87] Yang D, Xue G, Fang X, et al. Crowdsourcing to smartphones: incentive mechanism design for mobile phone sensing[C]. In Proc. of ACM MobiCom, 2012: 173-184.

[88] Duan L, Kubo T, Sugiyama K, et al. Incentive mechanisms for smartphone collaboration in data acquisition and distributed computing[C]. In Proc. of IEEE INFOCOM, 2012: 1701-1709.

[89] Danezis G, Lewis S, Anderson R. How much is location privacy worth[C]. In Proc. of WEIS, 2005.

[90] Lee J, Hoh B. Sell your experiences: a market mechanism based incentive for participatory sensing[C]. In Proc. of IEEE PerCom, 2010: 60-68.

[91] Jaimes L, Vergara-Laurens I, Labrador M. A location-based incentive mechanism for participatory sensing systems with budget constraints[C]. In Proc. of IEEE PerCom, 2012: 103-108.

[92] Gao L, Hou F, Huang J. Providing long-term participation incentive in participatory sensing[C]. In Proc. of IEEE INFOCOM, 2015: 2803-2811.

[93] Feng Z, Zhu Y, Zhang Q, et al. TRAC: truthful auction for location-aware collaborative

sensing in mobile crowdsourcing[C]. In Proc. of IEEE INFOCOM, 2014: 1231-1239.

[94] Krontiris I, Albers A. Monetary incentives in participatory sensing using multi-attributive auctions [J]. International Journal of Parallel, Emergent and Distributed Systems, 2012, 27(4): 317-336.

[95] Luo T, Tan H-P, Xia L. Profit-maximizing incentive for participatory sensing [C]. In Proc. of IEEE INFOCOM, 2014: 127-135.

[96] Yang D, Fang X, Xue G. Truthful incentive mechanisms for k-anonymity location privacy[C]. In Proc. of IEEE INFOCOM, 2013: 2994-3002.

[97] Emek Y, Karidi R, Tennenholtz M, et al. Mechanisms for multi-level marketing [C]. In Proc. of ACM EC, 2011: 209-218.

[98] Drucker F A, Fleischer L K. Simpler sybil-proof mechanisms for multi-level marketing[C]. In Proc. of ACM EC, 2012: 441-458.

[99] Zhang X, Xue G, Yang D, et al. A sybil-proof and time-sensitive incentive tree mechanism for crowdsourcing[C]. In Proc. of IEEE GLOBECOM, 2015: 1-6.

[100] Lv Y, Moscibroda T. Fair and resilient incentive tree mechanisms[J]. Distributed Computing, 2016, 29(1): 1-16.

[101] Zhang X, Xue G, Yu R, et al. Robust incentive tree design for mobile crowdsensing [C]. In Proc. of IEEE ICDCS, 2017: 458-468.

[102] Wang Y, Dai W, Jin Q, et al. Bcinet: a biased contest-based crowdsourcing incentive mechanism through exploiting social networks[J]. IEEE Transactions on Systems, Man, and Cybernetics: Systems, 2018, 5(8): 2926-2937.

第 3 章
覆盖质量度量模型与分析方法

3.1 引　言

　　覆盖是衡量数据收集质量的一个重要性能指标,与参与感知的节点个数密切相关。在实际部署一个感知系统之前,首先需要了解多少个节点能达到怎样的覆盖质量,才能合理规划网络规模。在传统的传感器网络中,覆盖问题一直备受关注。例如,在固定部署传感器网络中,我们通常需要监测区域内的每个位置点总是被至少一个传感器节点覆盖,并且覆盖质量不会随着时间而改变[1-3];在移动传感器网络中,我们通常需要监测区域内的每个位置点在一定时间段内被覆盖,而不是一直被覆盖,即覆盖质量是随着时间而变化的[4-6]。类似地,在利用移动群智感知网络进行城市感知时,达到特定的覆盖质量需求也是必需的。然而,移动群智感知网络中的覆盖不同于传统的传感器网络中的覆盖,它与人移动的机会性密切相关,我们将其称为"机会覆盖"。

　　本章主要关注移动群智感知网络中的"机会覆盖"问题,涵盖以下两个基本方面。

　　(1) 怎样定义和度量覆盖质量? 考虑到感知覆盖的时空变化因素,我们将整个监测区域划分为多个网格单元,将每个网格单元被连续覆盖两次的间隔时间作为一个新的度量指标,称之为"覆盖间隔时间",用来描述每个网格单元被覆盖的机会。很明显,覆盖间隔时间越短,则网格单元的覆盖质量越好。我们发现覆盖间隔时间与机会网络中影响数据包投递性能的一个重要因素,即"接触间隔时间"(inter-contact time)十分相似。最近,一些基于人或车辆的移动轨迹数据的实证研究表明,节点的接触间隔时间通常服从截断的幂律分布或指数分布[7-13]。事实上,许多研究已经显示人类出行的时空特征(如出行间隔时间、行走距离等)、通信模式(如发邮件和打电话的间隔时间)、工作和行为模式(如网页访问间隔时间、视频点播间隔时间)等均服从某种特定的规律[14, 15]。因此,我们猜想覆盖间隔时间也应该服从某种特定规律。

(2) 整个城市感知区域的覆盖质量与节点个数存在什么关系? 为了解决该问题,我们提出一个称作"机会覆盖率"的度量指标,定义为在特定时间间隔内能被机会覆盖的网格单元个数的期望。该指标可以表示成关于覆盖间隔时间分布的函数,与节点个数和时间间隔呈单调递增关系。

本章针对上述两个基本问题进行研究,主要工作包括:建立了一个通用的机会覆盖模型,定义了覆盖间隔时间和机会覆盖率指标,用来度量覆盖质量以及描述覆盖质量与节点个数之间的量化关系;基于北京和上海数千辆出租车的实际移动轨迹进行实证分析,发现了覆盖间隔时间服从截断的幂律分布;分析了机会覆盖率与车辆个数之间的关系以及一周内机会覆盖率在不同天的变化情况,进一步验证了我们所提出的覆盖度量模型与分析方法的有效性。

3.2 机会覆盖模型

假定在一个城市区域有 n 个携带传感器的移动节点 $V = v_1, v_2, \cdots, v_n$,其中每个节点 $v_j(j=1, 2, \cdots, n)$ 有一个由时间序列的 GPS 点组成的移动轨迹。节点 v_j 在时间 t 的位置用 $L_j(t)$ 表示。在时间域上,我们关注一个时间段 T 内的覆盖质量,并将 T 划分为 k 个同等大小的时间槽,即 $T = k \times T_S$,其中 T_S 表示一个采样周期,如图 3-1(a) 所示。在空间域上,我们将整个城市感知区域划分为 m 个同等大小的网格单元,如图 3-1(b) 所示。因此,感知区域可以表示为一个网格单元的集合 $G = \{g_1, g_2, \cdots, g_m\}$,其中 $g_i(i=1, 2, \cdots, m)$ 表示一个网格单元,其大小代表由应用需求决定的空间感知粒度。当一个新的采样周期到来并且节点的位置恰好在某个网格单元内时,称该网格单元被覆盖一次。我们使用 $C(g_i, L_j(t))$ 表示网格单元 g_i 在时刻 t 是否被节点 v_j 覆盖,即

$$C(g_i, L_j(t)) = \begin{cases} 1, & \text{如果 } t \in \{T_S, 2T_S, \cdots, kT_S\} \text{ 并且 } L_j(t) \in g_i \\ 0, & \text{反之} \end{cases} \tag{3-1}$$

定义 3.1(机会覆盖) 若某个网格单元 $g_i \in G$ 在时间间隔 τ 内被至少一个节点覆盖,即满足条件

$$\sum_{t=t_0}^{t_0+\tau} \sum_{j=1}^{n} C(g_i, L_j(t)) \geqslant 1 \tag{3-2}$$

其中,t_0 是任意时刻,则称该网格单元在时间间隔 τ 内被机会覆盖。

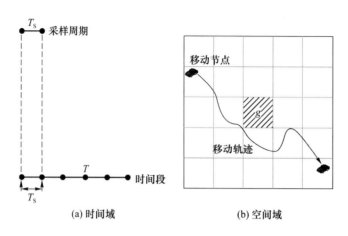

(a) 时间域   (b) 空间域

图 3-1 离散化的时空感知域示意图

为了描述每个网格单元的感知机会,我们对覆盖间隔时间进行如下定义。

定义 3.2(覆盖间隔时间(inter-cover time,ICT)) 网格单元 g_i 被连续覆盖两次的间隔时间 T_I 称为覆盖间隔时间,即

$$T_I \triangleq \inf \left\{ \tau: \sum_{j=1}^{n} C(g_i, L_j(t_0 + \tau)) \geqslant 1 \right\} \tag{3-3}$$

其中,$\sum_{j=1}^{n} C(g_i, L_j(t_0)) \geqslant 1$,并且 $\sum_{j=1}^{n} C(g_i, L_j(t_0 + T_S)) = 0$。

如图 3-2 所示,一个网格单元被节点 v_1、v_2 和 v_3 覆盖了三次,其覆盖持续时间分别为 $3T_S$、$2T_S$ 和 T_S。同时,我们可以从中提取两个覆盖间隔时间(在图中用 T_I 标示)。本书主要关注覆盖间隔时间的分布,而忽略覆盖持续时间的影响。明显地,覆盖间隔时间直接反映了覆盖质量,即覆盖间隔时间越短,则网格单元的覆盖质量越好。

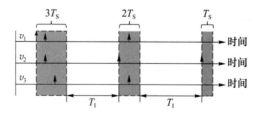

图 3-2 覆盖间隔时间示意图

从直觉来说,覆盖间隔时间的分布与网格单元的大小和节点的个数两个因素密切相

关,也就是说,网格单元越大,节点个数越多,则覆盖间隔时间越小。为了描述这些因素,我们将网格单元 g_i 在 n 个节点的条件下的覆盖间隔时间分布表示为

$$F_i(\tau;n)=P\{T_1\leqslant\tau|(g=g_i,N=n)\} \tag{3-4}$$

为了描述整个城市感知区域的覆盖质量与节点个数之间的关系,我们对机会覆盖率进行如下定义。

定义 3.3(机会覆盖率) 在时间间隔 τ 内能被机会覆盖的网格单元占所有网格单元的比例的期望值称为机会覆盖率,可表达为

$$f_1(\tau)=\frac{\sum_{i=1}^{m}F_i(\tau;n)}{m} \tag{3-5}$$

从上述表达式可以看出,机会覆盖率与节点个数和时间间隔呈单调递增关系。

3.3 覆盖间隔时间分析

本节首先描述两个出租车移动轨迹数据集和数据预处理方法,然后指出用于分析覆盖间隔时间分布的模型选择方法,最后分析覆盖间隔时间分布与网格单元大小和节点个数的关系。

3.3.1 数据描述

为了分析覆盖间隔时间分布的规律,我们使用两个出租车移动轨迹数据集。第一个数据集包含北京市从 2008 年 2 月 2 日到 2 月 8 日期间的 10 357 辆出租车的 GPS 移动轨迹数据,其平均采样间隔约为 177 秒[16]。第二个数据集包含上海市在 2007 年 2 月 20 日一天内 4 316 辆出租车的 GPS 移动轨迹数据,其平均采样间隔在有乘客时约为 60 秒,在没有乘客时约为 20 秒[13]。对于这两个数据集,每个 GPS 报告均由一个四元组(出租车 ID、时间戳、经度、纬度)来表示。为了去除错误的 GPS 数据和方便分析,对两个数据集均按以下三个步骤执行预处理操作。

步骤一:移除所有落在城市区域范围外的错误的 GPS 位置数据。

步骤二:提取从 6:00 点到 24:00 点期间每 30 分钟内至少有一个 GPS 报告的所有出租车的移动轨迹数据,移除那些在整个时间段都保持静止的出租车的移动轨迹数据。

步骤三：通过对每60秒内所有GPS点求平均值，重新得到每个出租车在每60秒的位置数据；如果在某个60秒周期内没有任何GPS报告，则采用插值的方法估计其位置数据。

经过上述步骤的预处理后，最终获得北京市4 067辆出租车（2月3日①）和上海市2 079辆出租车从6：00点到24：00点期间每60秒的GPS位置数据的两个新的移动轨迹数据集，如图3-3所示。本节选择北京市五环（面积约900 km²）内和上海市相同面积区域的移动轨迹数据进行分析，时间段 T 为从6：00点到24：00点的18个小时，采样周期 T_S 为60秒。

(a) 北京市面积约900 km²的五环内　　　　　　(b)上海市面积约900 km²的区域

图 3-3　出租车移动轨迹分布

3.3.2　模型选择方法

许多基于人或车的移动轨迹数据的实证分析结果显示，人类出行的间隔时间、行走距离、接触间隔时间等统计模式都服从某种特定的分布，一般包括指数分布、幂律分布、截断的幂律分布三种形式。因此，我们使用这三种统计模型来分析覆盖间隔时间的分布，如表3-1所示，其中截断的帕累托分布在头部呈现幂律分布趋势，在尾部则呈现指数衰退趋势。

---

①　在本章中我们主要取2月3日北京市的部分移动轨迹数据进行分析，仅在3.4.3节中分析其他几天的移动轨迹数据。

表 3-1　三种统计模型的描述

分布类型(数据范围)	概率密度函数(PDF)$f(x)$	累积分布函数(CDF)$F(x)$
指数分布($x \geqslant a$)	$\lambda e^{-\lambda(x-a)}$	$1 - e^{-\lambda(x-a)}$
幂律分布($x \geqslant a$)	$(\lambda-1)a^{\lambda-1}x^{-\lambda}$	$1 - a^{\lambda-1}x^{1-\lambda}$
截断的帕累托分布($a \leqslant x \leqslant b$)	$\dfrac{\lambda a^{\lambda} x^{-\lambda-1}}{1-(a/b)^{\lambda}}$	$1 - \dfrac{a^{\lambda}(x^{-\lambda}-b^{-\lambda})}{1-(a/b)^{\lambda}}$

　　为了从候选模型中识别出实际数据所支持的最合适的模型,我们按照以下三个步骤执行 Akaike 测试[17, 18]。

　　步骤一:使用最大似然估计法分别估计三种模型的参数。

　　步骤二:分别计算三种模型的赤池信息量准则(Akaike's information criterion,AIC)值。第 $i \in 1,2,3$ 种模型的 AIC 值根据下式进行计算:

$$\mathrm{AIC}_i = -2\log[L_i(\hat{\lambda}_i \mid \mathrm{data}\ X)] + 2K_i \qquad (3\text{-}6)$$

其中,$L_i(\hat{\lambda}_i \mid \mathrm{data}\ X)$ 是在给定实际数据 $X = x_1, x_2, \cdots$,并且参数 λ_i 取值为由步骤一计算得到的估计值的情况下的似然值,而 K_i 是第 $i \in 1,2,3$ 种模型所需估计的参数的个数(在这里取 $K_1 = K_2 = K_3 = 1$①)。

　　步骤三:确定最合适的模型。首先计算每种模型的 Akaike 权重(Akaike weight,AW),即计算每种模型的相对似然值,计算方法如下:

$$\mathrm{AIC}_{\min} = \min_{i \in \{1,2,3\}} \{\mathrm{AIC}_i\} \qquad (3\text{-}7)$$

$$\Delta_i = \mathrm{AIC}_i - \mathrm{AIC}_{\min}, \quad i \in \{1,2,3\} \qquad (3\text{-}8)$$

$$w_i = \frac{e^{-\Delta_i/3}}{\sum\limits_{j=1}^{3} e^{-\Delta_j/3}}, \quad i \in \{1,2,3\} \qquad (3\text{-}9)$$

其中,w_i 是第 $i \in \{1,2,3\}$ 种模型的 AW 值。然后,可以确定 AIC 值最小的模型或者 AW 值最接近于 1 的模型为最合适的模型。

3.3.3　覆盖间隔时间分析结果

　　我们使用上述模型选择方法分别分析北京和上海的出租车移动轨迹数据集的覆盖间隔时间分布。在使用最大似然估计法对截断的帕累托分布模型的参数进行估计时,数

---

　　① λ 是三种模型中唯一的未知参数,而 a 和 b 分别是数据 $x_i \in X$ 的上界和下界。

据的下界(a)取两分钟,数据的上界(b)取每个数据集的99％分位数。我们分别考虑网格单元大小和节点个数的影响,基于两个数据集得到相似的分析结果,具体如下。

（1）网格单元大小的影响

从直觉来说,网格单元越大,则覆盖间隔时间越短。为了分析网格单元大小对覆盖间隔时间分布的影响,我们分别从北京和上海两个数据集中抽取1 000辆出租车的移动轨迹,并将网格单元的大小从100 m×100 m逐渐变化到1 000 m×1 000 m。根据最大似然估计和Akaike测试观察到覆盖间隔时间分布的结果如表3-2和表3-3所示。Akaike测试结果显示,不论网格单元是多大,截断的帕累托分布的AW值均为1。另外,从表3-2和表3-3可以看出,当网格单元大小为100 m×100 m时,指数分布的AIC值小于幂律分布的AIC值,这说明覆盖间隔时间分布的指数特征比幂律特征更明显。相应地,从图3.4(d)和图3.5(d)也可以看出,覆盖间隔时间的互补累积分布函数(complementary cumulative distribution function,CCDF)图形在线性对数坐标下几乎是一条直线。随着网格单元大小的增加,幂律分布的AIC值变为小于指数分布的AIC值,这说明覆盖间隔时间分布变得更具有幂律特征。相应地,从图3.4(b)、图3.4(c)、图3.5(b)和图3.5(c)也可以看出,覆盖间隔时间的互补累积分布函数图形在双对数坐标下几乎是一条直线。总之,不论网格单元是多大,截断的帕累托分布都在指数分布和幂律分布之间取得最好的折中,也就是说,覆盖间隔时间分布最符合截断的帕累托分布模型。

表3-2　不同网格单元大小情况下从北京数据集计算的AIC和AW值

网络单元大小	指数分布		幂律分布		截断的帕累托分布	
	AIC	AW	AIC	AW	AIC	AW
100 m×100 m	5 455 200	0	5 633 400	0	5 349 600	1
200 m×200 m	3 704 200	0	3 543 600	0	3 453 000	1
300 m×300 m	2 504 500	0	2 274 300	0	2 237 600	1
400 m×400 m	1 718 100	0	1 503 500	0	1 468 000	1
500 m×500 m	1 211 800	0	1 035 300	0	1 025 300	1
600 m×600 m	848 750	0	714 530	0	708 570	1
700 m×700 m	596 690	0	494 840	0	491 150	1
800 m×800 m	443 270	0	366 320	0	363 640	1
900 m×900 m	326 700	0	271 080	0	268 990	1
1 000 m×1 000 m	248 060	0	207 990	0	206 260	1

表 3-3　不同网格单元大小情况下从上海数据集计算的 AIC 和 AW 值

网络单元大小	指数分布		幂律分布		截断的帕累托分布	
	AIC	AW	AIC	AW	AIC	AW
100 m×100 m	5 403 800	0	5 475 300	0	5 205 500	1
200 m×200 m	3 824 400	0	3 548 700	0	3 477 800	1
300 m×300 m	2 777 200	0	2 478 300	0	2 444 500	1
400 m×400 m	1 998 800	0	1 724 800	0	1 707 700	1
500 m×500 m	1 440 800	0	1 210 000	0	1 200 700	1
600 m×600 m	1 052 500	0	867 700	0	862 100	1
700 m×700 m	764 040	0	625 410	0	621 500	1
800 m×800 m	574 050	0	467 290	0	464 600	1
900 m×900 m	427 220	0	347 520	0	345 500	1
1 000 m×1 000 m	326 950	0	268 690	0	266 940	1

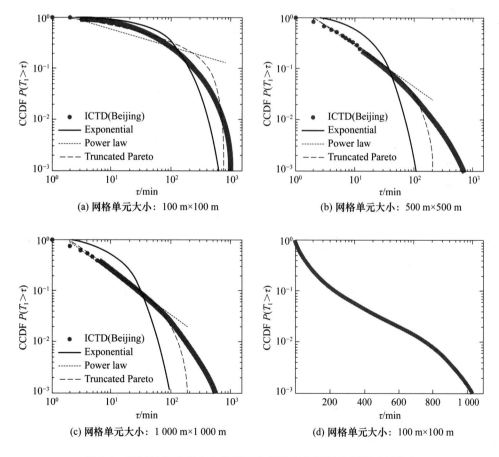

图 3-4　不同网格单元大小情况下北京数据集的覆盖间隔时间分布

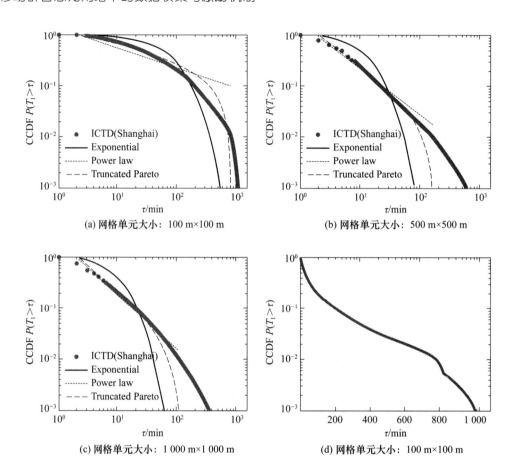

图 3-5　不同网格单元大小情况下上海数据集的覆盖间隔时间分布

（2）节点个数的影响

从直觉来说，节点个数越多，则覆盖间隔时间越短。为了分析节点个数对覆盖间隔时间分布的影响，将网格单元的大小固定为 100 m×100 m，并分别从北京和上海两个数据集中抽取不同个数的出租车的移动轨迹。根据最大似然估计和 Akaike 测试观察到覆盖间隔时间分布的结果如表 3-4 和表 3-5 所示。Akaike 测试结果显示，不论节点个数是多少，截断的帕累托分布的 AW 值均为 1。另外，从表 3-4 可以看出，对于北京数据集，当出租车个数小于等于 1 500 时，指数分布的 AIC 值小于幂律分布的 AIC 值，说明覆盖间隔时间分布的指数特征比幂律特征更明显；相反，当出租车个数大于 1 500 时，覆盖间隔时间分布的幂律特征更明显。类似地，对于上海数据集，当出租车个数小于 1 000 时，覆盖间隔时间分布的指数特征更明显；反之，则其幂律特征更明显。从图 3-6 和图 3-7 中我们也可以得到更直观的结果。总之，不论节点个数是多少，截断的帕累托分布都在指数分布和幂律分布之间取得最好的折中，也就是说，覆盖间隔时间分布最符合截断的帕累托分布模型。

表 3-4 不同出租车个数情况下从北京数据集计算的 AIC 和 AW 值

出租车个数	指数分布		幂律分布		截断的帕累托分布	
	AIC	AW	AIC	AW	AIC	AW
100	816 710	0	925 700	0	815 410	1
500	3 025 200	0	3 233 000	0	3 007 000	1
1 000	5 455 200	0	5 633 400	0	5 349 600	1
1 500	7 656 600	0	7 700 300	0	7 392 900	1
2 000	9 662 000	0	9 526 900	0	9 208 600	1
2 500	11 531 000	0	11 181 000	0	10 857 000	1
3 000	13 221 000	0	12 640 000	0	12 314 000	1
3 500	14 753 000	0	13 950 000	0	13 622 000	1
4 000	16 060 000	0	15 038 000	0	1 471 200	1

表 3-5 不同出租车个数情况下从上海数据集计算的 AIC 和 AW 值

出租车个数	指数分布		幂律分布		截断的帕累托分布	
	AIC	AW	AIC	AW	AIC	AW
100	710 520	0	789 850	0	704 520	1
500	3 044 100	0	3 142 800	0	2 967 100	1
1 000	5 475 300	0	5 403 800	0	5 205 500	1
1 500	7 486 600	0	7 168 700	0	6 967 100	1
2 000	9 359 400	0	8 739 300	0	8 540 600	1

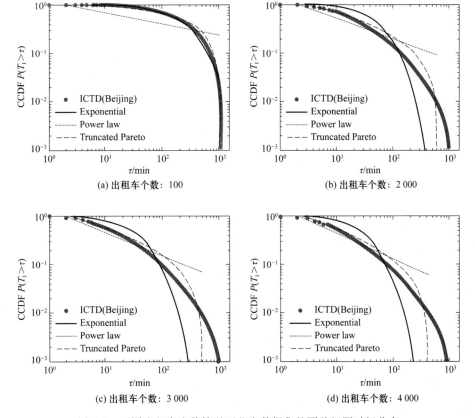

图 3-6 不同出租车个数情况下北京数据集的覆盖间隔时间分布

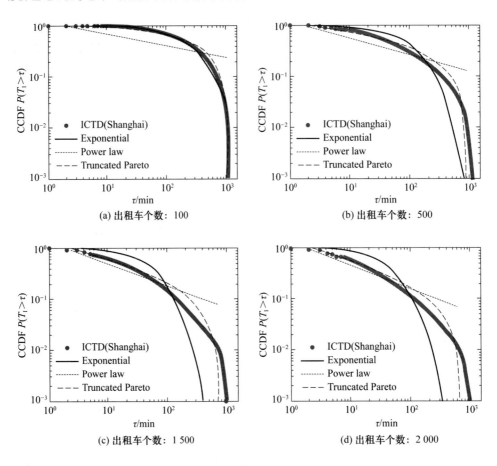

图 3-7　不同出租车个数情况下上海数据集的覆盖间隔时间分布

3.4　城市机会覆盖率分析

根据 3.2 节可知,必须首先获取每个网格单元的覆盖间隔时间分布函数 $F_i(\tau;n)$,然后推出整个城市机会覆盖率 $f_1(\tau)$。然而,以下两个原因导致难以直接计算:①存在一些很少有节点访问的网格单元,其覆盖间隔时间数据较少,因而难以准确估计其分布;②网格单元个数太多,例如,当网格单元大小为 100 m ×100 m 时北京五环内一共有 9 万个网格单元,因而对所有网格单元的覆盖间隔时间进行拟合的计算代价较高。因此,本节中我们首先以几个网格单元为例以比较准确的方式对单个网格单元的机会覆盖质量进行分析,然后基于所有网格单元的覆盖间隔时间分布以简单有效的方式对整个城市的机会覆盖率进行分析,最后分析北京市机会覆盖率在一周内不同天的变化,从而验证我们所提出的覆盖度量模型与分析方法的有效性。

3.4.1　网格单元的机会覆盖分析

我们分别从北京和上海选择两个大小为 1 000 m ×1 000 m 的网格单元,通过提取不同个数出租车的移动轨迹分析覆盖间隔时间分布与节点个数之间的关系。对于指定的出租车个数,我们将所有出租车分为多个具有相同个数的互斥组,然后按照 3.3.3 节描述的方法进行计算。结果显示,对于每个网格单元,不论出租车个数为多少,覆盖间隔时间都服从截断的帕累托分布,因此可以将其累积分布函数表达为

$$F_i(\tau;n)=1-\frac{a^\lambda(\tau^{-\lambda}-b^{-\lambda})}{1-(a/b)^\lambda} \tag{3-10}$$

图 3-8 显示对于北京和上海两个网格单元其截断的帕累托分布的指数与出租车个数之间的关系。我们使用最小二乘法对其关系进行线性拟合,可以得到很好的拟合结果,所有确定系数都大于 0.98。因此,我们可以使用线性函数表达 λ 与 n 之间的关系。通过联合这些线性函数和表达式(3-10),可以获得每个网格单元的覆盖间隔时间分布,如图 3-9所示。

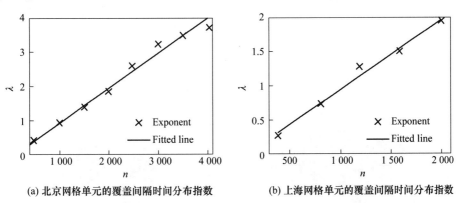

(a) 北京网格单元的覆盖间隔时间分布指数　　　　(b) 上海网格单元的覆盖间隔时间分布指数

图 3-8　覆盖间隔时间分布指数与节点个数的关系

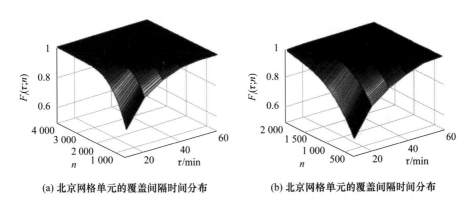

(a) 北京网格单元的覆盖间隔时间分布　　　　(b) 北京网格单元的覆盖间隔时间分布

图 3-9　覆盖间隔时间累积分布函数 $F_i(\tau;n)$ 与 n 和 τ 的关系

3.4.2 整个城市的机会覆盖率分析

我们将整个时间段 T 内能至少被机会覆盖一次的网格单元的比例表示为 $p(n)$,与 n 呈单调递增关系。为了解决本节开始提到的单个网格单元样本不足和整体计算量大两个问题,我们基于所有网格单元的覆盖间隔时间分布函数 $F_a(\tau;n)$ 来推导整个城市的机会覆盖率,即表达为

$$f_1(\tau) = \frac{F_a(\tau;n) \times m \times p(n)}{m} = F_a(\tau;n) \times p(n) \tag{3-11}$$

我们可以使用与 3.4.1 节相同的方法获得 $F_a(\tau;n)$ 的表达式,并使用线性函数对 $p(n)$ 得到很好的拟合结果。通过联合这些表达式和式(3-11),则可以容易得到 $f_1(\tau)$ 的通用表达式。基于北京和上海两个数据集的最终数值结果如图 3-10 所示。可以明显看到,$f_1(\tau)$ 与 n 和 τ 呈单调递增关系。因此,可以容易估计出达到指定的覆盖质量所需的节点个数。例如,我们需要分别在北京和上海至少部署 1 700 辆和 1 900 辆出租车,才能保证其在一个小时的时间间隔内机会覆盖率不小于 50%。尽管不同城市可能需要不同的节点个数满足指定的机会覆盖率,但我们提出的模型和方法可以对网络规划问题提供一般性的指导。

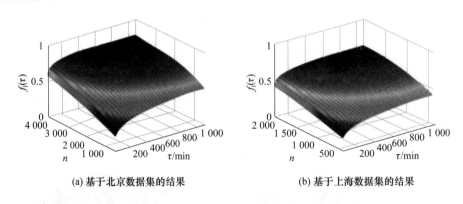

(a) 基于北京数据集的结果　　　　　　(b) 基于上海数据集的结果

图 3-10　机会覆盖率 $f_1(\tau)$ 与 n 和 τ 的关系

3.4.3 机会覆盖率的稳定性分析

从直觉来说,人们在不同天(如工作日、休息日、节假日等)总是有不同的移动模式。因此,调查整个城市区域的机会覆盖率的稳定性是很重要的。从 3.4.2 节可知,通过分

析 2008 年 2 月 3 日北京市五环内区域的移动轨迹,至少需要部署 1 700 辆出租车,才能保证其在一个小时的时间间隔内机会覆盖率不小于 50%。在本节中,我们进一步分析其在一周内不同天(2 月 4 日到 2 月 7 日[①])的机会覆盖率的变化。具体地说,我们按照 3.3.1 节介绍的方法对这四天的数据分别进行预处理,然后获得不同数量出租车从 6：00 点到 24：00 点期间每 60 秒的 GPS 位置数据。不同天的移动轨迹数据中包含的出租车个数如表 3-6 所示。

表 3-6　不同天内的机会覆盖率

日期	出租车总个数	机会覆盖率			
		第一组	第二组	第三组	平均值
2008 年 2 月 4 日	3 982	50.00%	51.34%	50.56%	50.63%
2008 年 2 月 5 日	3 727	47.88%	49.13%	47.76%	48.26%
2008 年 2 月 6 日	3 549	35.66%	35.95%	35.38%	35.66%
2008 年 2 月 7 日	3 600	31.17%	31.24%	30.10%	30.84%

我们从每一天的数据中随机选择三组出租车(每组有 1 700 辆出租车),并对这些出租车所能达到的机会覆盖率进行统计分析,结果如表 3-6 所示。可以看出,2 月 4 日和 2 月 5 日的平均机会覆盖率分别达到 50.63% 和 48.26%,都非常接近 50%,而 2 月 6 日和 2 月 7 日的机会覆盖率则小于 50%,甚至 2 月 7 日的机会覆盖率仅有 30.84%。但同时需要注意的是,2 月 7 日恰好是 2008 年中国的春节。众所周知,在中国的春节和除夕两天,大部分中国人选择待在家中团聚而较少外出,因而出租车相比往常有更少的顾客,并在更多时间内保持静止。因此,这可能是这两天机会覆盖率减少的原因。同时,这种现象也暗示我们在对机会城市感知应用进行网络规划时应该考虑人的移动模式在不同天的稳定性。

另外,从表 3-6 可以看到,在同一天内,具有相同个数出租车的不同组可以达到几乎相同的机会覆盖率(最多有 1.34% 的差别)。该现象表明,机会覆盖率与节点个数之间的关系是稳定的,而且我们所提出的覆盖度量模型和方法可以准确地估计它们之间的关系。

---

① 由于在 2 月 2 日和 2 月 8 日内没有任何一辆出租车在 6：00 到 24：00 期间的每 30 分钟内有至少一个 GPS 报告,因此这两天的移动轨迹不作分析。

3.5 本章小结

在本章中,我们针对移动群智感知网络的覆盖度量模型与分析方法进行研究,用于评估其数据收集的质量。考虑到移动群智感知网络中感知覆盖的时变因素,我们提出使用覆盖间隔时间作为度量指标,基于北京和上海出租车的移动轨迹数据集,分析了覆盖间隔时间的分布,考察了其与网格单元大小和节点个数之间的关系。基于覆盖间隔时间的分布模型,我们进一步建立了整个感知区域的覆盖率与节点个数关系的表达式,并分析了北京和上海两个城市的机会覆盖率。与之前的固定部署传感器网络和移动传感器网络中的覆盖问题研究相比,本章提出对移动群智感知网络的机会覆盖问题进行调查和研究。所提出的覆盖质量的度量模型与分析方法为合理规划网络提供了理论依据。

本章参考文献

[1] Li XY, Wan PJ, Frieder O. Coverage in wireless ad hoc sensor networks[J]. IEEE Transactions on Computers,2003,52(6):753-763.

[2] Cardei M, Wu J. Energy-efficient coverage problems in wireless ad-hoc sensor networks[J]. Computer communications,2006,29(4):413-420.

[3] Ghosh A, Das S. Coverage and connectivity issues in wireless sensor networks:a survey[J]. Pervasive and Mobile Computing,2008,4(3):303-334.

[4] Liu B, Brass P, Dousse O, et al. Mobility improves coverage of sensor networks[C]. In Proc. of ACM/IEEE MobiHoc,2005:300-308.

[5] Li M, Cheng W, Liu K, et al. Sweep coverage with mobile sensors[J]. IEEETransactions on Mobile Computing,2011,10(11):1534-1545.

[6] Zhao D, Ma H-D, Liu L. Mobile sensor scheduling for timely sweep coverage [C]. In Proc. of IEEE WCNC,2012:1771-1776.

[7] Chaintreau A, Hui P, Crowcroft J, et al. Impact of human mobility on the design of opportunistic forwarding algorithms[C]. In Proc. of IEEE INFOCOM,2006.

[8] Rhee I, Shin M, Hong S, et al. On the levy-walk nature of human mobility[J].

IEEE/ACM transactions on networking，2011，19(3)：630-643.

[9] Lee K，Hong S，Kim S，et al. SLAW：a new mobility model for human walks [C]. In Proc. of IEEE INFOCOM，2009：855-863.

[10] Karagiannis T，Le Boudec J Y，Vojnovi ć M. Power law and exponential decay of intercontact times between mobile devices[J]. IEEE Transactions on Mobile Computing，2010，9(10)：1377-1390.

[11] Zhang X，Kurose J，Levine B，et al. Study of a bus-based disruption-tolerant network：mobility modeling and impact on routing[C]. In Proc. of ACM MobiCom，2007：195-206.

[12] Balasubramanian A，Levine B，Venkataramani A. DTN routing as a resource allocation problem[C]. In Proc. of ACM SIGCOMM，2007：373-384.

[13] Zhu H，Fu L，Xue G，et al. Recognizing exponential inter-contact time in VANETs[C]. In Proc. of IEEE INFOCOM，2010：1-5.

[14] Brockmann D，Hufnagel L，Geisel T. The scaling laws of human travel[J]. Nature，2006，439(7075)：462-465.

[15] Gonzalez M，Hidalgo C，Barabási A. Understanding individual human mobility patterns[J]. Nature，2008，453(7196)：779-782.

[16] Zheng Y，Liu Y，Yuan J，et al. Urban computing with taxicabs[C]. In Proc. of ACM UbiComp，2011：89-98.

[17] Burnham K，Anderson D. Model selection and multimodel inference：a practical information-theoretic approach[M]. New York：Springer-Verlag，2002.

[18] Edwards A，Phillips R，Watkins N，et al. Revisiting Lévy flight search patterns of wandering albatrosses，bumblebees and deer[J]. Nature，2007，449(7165)：1044-1048.

第4章
机会数据收集统一延迟分析框架

4.1 引　言

　　机会数据收集过程包括机会感知和机会传输两部分。图4-1是一个机会数据收集过程的示意图。其中,$P_1 \sim P_4$表示感知区域内四个需要提供周期性监测服务的兴趣点;$U_1 \sim U_5$是五个普通的移动节点,既能采集兴趣点所在感知范围内的感知数据,也能将感知数据转发给传输范围内的其他移动节点或汇聚节点;MS是一个具备足够电池电量和数据流量计划的特殊移动节点,所以可以作为一个汇聚节点将数据通过蜂窝网络(如2G/3G/4G)直接上传到服务器;SS是一个静态的Wi-Fi接入点,所以也可以作为一个汇聚节点将数据通过Wi-Fi连接直接上传到服务器。需要注意的是,为了保留电池电量和节省数据流量费用,普通移动节点不能直接将数据上传到服务器,但是可以通过"存储-携带-转发"的机会转发模式将数据间接投递到服务器。

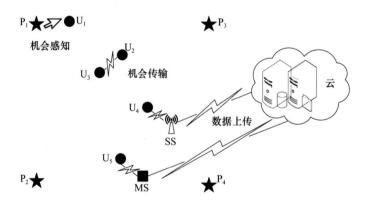

图4-1　移动群智感知系统的机会数据收集过程

与传统的静态无线传感器网络中的覆盖和连通性问题类似,感知延迟和传输延迟是机会数据收集过程的两个重要的服务质量指标。其中,感知延迟描述一个兴趣点多长时间可以被至少一个移动节点覆盖或访问一次;传输延迟描述采集到的感知数据多长时间可以投递到服务器。更重要的是,由于感知阶段和传输阶段是密切相关的,我们必须提供一个统一的框架来分析另外一个新的服务质量指标,即数据收集延迟,用来描述一个兴趣点从第一次被采集到感知数据到汇聚节点首次将感知数据上传到服务器之间的时间间隔。然而,大多数现有文献[1-6]都将感知延迟和传输延迟隔离开来分别研究。一方面,文献[3-6]分析了感知延迟,但假定感知数据可以立即上传,即零传输延迟;另一方面,在延迟容忍网络或机会网络中[1, 2],传输延迟得到了广泛研究,但缺少对感知方面的考虑。除此之外,汇聚节点的部署方式和所采用的传输机制对各种延迟的影响也缺乏深入的研究。

由于以上问题,作为一个起点,本章基于一个随机移动模型对机会数据收集的各种延迟进行分析。首先,分析了感知延迟和传输延迟随着移动节点个数、移动速度、感知半径和传输半径的变化规律,并且调查了两个重要因素对传输延迟的影响,即汇聚节点的部署机制(单个汇聚节点或多个汇聚节点,静态汇聚节点或移动汇聚节点)和传输机制(直接传输机制、传染传输机制或其他);其次,提出了一个称为"数据收集延迟"的新的性能指标来联合考虑感知延迟和传输延迟,并分析了其在各种情况下的分布规律;最后,通过仿真实验证实了理论分析的正确性。

4.2 系统模型和预备知识

考虑在一个移动群智感知网络中有 N 个移动节点 $\{u_1, u_2, \cdots, u_N\}$ 在一个面积为 A 的感知区域内活动。每个节点的感知半径和传输半径分别表示为 r_s 和 r_c。网络中有一个或多个汇聚节点。假定汇聚节点的传输半径与一般移动节点的传输半径相同。由于节点移动性和稀疏性,移动节点之间以及移动节点与汇聚节点之间仅当距离小于通信半径时可以交换信息。对于感知区域一个特定的兴趣点,首先需要被至少一个移动节点覆盖从而采集感知数据,然后将其投递到汇聚节点。需要注意的是,如果网络中有多个汇聚节点,则仅需要将数据投递到其中任意一个汇聚节点即可。

4.2.1　节点移动模式

本章主要考虑随机方向(random direction)移动模型,即每个移动节点以某种速度独立地向某个方向移动有限的行走时间,然后再独立随机地选择一个新的方向、速度和行走时间继续移动。为了简化,我们假定所有移动节点具有相同的移动速度。文献[1]已经表明任意两个节点的接触时间服从指数分布。同时,文献[4]表明节点的移动过程可以建模为一个二维泊松点过程。

4.2.2　汇聚节点部署机制

网络中可能有一个或多个汇聚节点,本章将分析汇聚节点个数对数据收集延迟的影响。同时,汇聚节点可能是静态的或移动的。文献[7,8]使用移动汇聚节点解决多跳传感器网络中的能量洞问题。相比之下,本章将假定移动汇聚节点与普通移动节点具有相同的移动模式,分析汇聚节点移动性对数据收集延迟的影响。

4.2.3　传输机制

本章将调查直接传输和传染传输两种基本传输机制。在直接传输机制中,移动节点仅当遇到汇聚节点时进行数据投递,而不将数据转发给任何其他节点。这种机制非常节能,但会造成较高的投递延迟。在传染传输机制中,移动节点每次遇到其他邻居节点时都转发数据,直到数据最终被汇聚节点接收。尽管这种基于洪泛的机制有较低的投递延迟,但传输数据的多个备份会造成较多的能量消耗。

4.2.4　延迟指标

下面考虑一个感知区域内存在三个移动节点$\{U_1, U_2, U_3\}$和一个汇聚节点 U_0 的简单场景,如图 4-2 所示。整个数据收集过程包括感知阶段和传输阶段两部分。在感知阶段,移动节点在移动过程中覆盖到兴趣点 P 并采集到感知数据,如图 4-2(a)所示。在传输阶段,移动节点从兴趣点 P 移动到汇聚节点的通信范围内,从而将数据投递成功,如图 4-2(b)所示。因此,数据收集延迟包括感知延迟和传输延迟两部分。为了准确评估机会数据收集过程的服务质量,我们定义如下三个延迟指标。

(1)感知延迟。对于感知区域内的指定兴趣点 P,其感知延迟(T_s)定义为 P 首次被一个移动节点覆盖到(即在该移动节点的感知范围内)的时间延迟。

(2)传输延迟。对于感知区域内的指定兴趣点 P,其传输延迟(T_{tr})定义为从一个移动节点采集到关于 P 的感知数据开始,到该数据投递到汇聚节点经历的时间延迟。

(3)数据收集延迟。对于感知区域内的指定兴趣点 P,其数据收集延迟(T_d)定义为从 P 首次被感知到汇聚节点上传感知数据所经历的时间延迟。

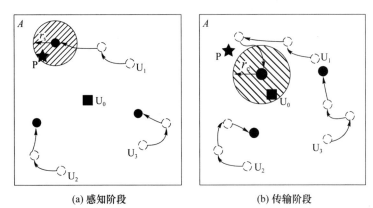

(a)感知阶段　　　　　　　　(b)传输阶段

注:虚线表示移动节点的移动轨迹,两个圆形阴影区域分别表示U_1的感知范围和传输范围

图 4-2　存在三个移动节点($U_1 \sim U_3$)和一个汇聚节点(U_0)的简单场景

4.2.5　预备知识

引理 4.1　移动节点之间以及移动节点与移动汇聚节点之间的接触速率为

$$\beta_1 \approx \frac{8r_c v}{\pi A} \tag{4-1}$$

对于所有移动节点具有相同恒定速度的特殊情况,在文献[1]中可以找到引理 4.1 的证明。由于移动汇聚节点与移动节点具有相同的速度和移动模式,因此移动节点与移动汇聚节点的接触速率与移动节点的成对接触速率相同。

引理 4.2　令 X 表示感知区域内某个特定兴趣点首次被一个移动节点覆盖到的时间,则

$$X \sim \exp\left(\frac{2Nr_s v}{A}\right) \tag{4-2}$$

文献[4]证明了一个处于随机位置的静止目标被一个随机移动的传感器检测到的时间服从指数分布。在这里,我们将静止目标视为感知场中指定的兴趣点,因此可以很容

易地得到引理 4.2。

推论 4.1 感知区域内某个特定兴趣点被某个特定移动节点覆盖的速率为

$$\beta_2 = \frac{2r_s v}{A} \qquad (4\text{-}3)$$

证明: 根据引理 4.2 可知,一个特定的兴趣点被 N 个移动节点中的一个覆盖的预期时间为 $\frac{A}{2Nr_s v}$。因此,特定移动节点覆盖特定兴趣点的预期时间在 $N=1$ 的特殊情况下为 $\frac{A}{2r_s v}$。速率是预期时间的倒数,因此 $\beta_2 = \frac{2r_s v}{A}$。 □

推论 4.2 某个特定移动节点与静态汇聚节点的接触速率为

$$\beta_3 = \frac{2r_c v}{A} \qquad (4\text{-}4)$$

证明: 我们将静态汇聚节点视为感知区域中的特定兴趣点,当静态汇聚节点在移动节点的传输范围内时,它会被特定的移动节点访问。因此,静态汇聚节点与移动节点接触的速率可以从推论 4.1 中获得,其中用 r_c 代替 r_s。 □

4.3 机会数据收集延迟分析

本节中,我们首先展示一个统一的延迟分析框架,然后分别分析感知延迟、传输延迟、数据收集延迟的分布,并研究各种汇聚节点部署机制及传输机制的影响。

4.3.1 统一延迟分析框架

如图 4-3 所示,每个移动节点花费 T_{s_i} 的时间覆盖到感知区域内的特定兴趣点 P,然后花费 T_{tr_i} 的时间将采集到的感知数据投递到汇聚节点。令 T_{d_i} 表示兴趣点 P 被移动节点 $u_i (1 \leqslant i \leqslant N)$ 覆盖到,并且采集到的感知数据首次被投递到汇聚节点的时间,则可得出

$$T_{d_i} = T_{s_i} + T_{tr_i}, \quad 1 \leqslant i \leqslant N \qquad (4\text{-}5)$$

由于所有移动节点在感知区域内独立随机地移动,那么 $T_{d_i} (1 \leqslant i \leqslant N)$ 是独立同分布的。因此,数据收集延迟 T_d 是所有 $T_{d_i} (1 \leqslant i \leqslant N)$ 中的最小值:

$$T_d = \min_{1 \leqslant i \leqslant N} T_{d_i} \qquad (4\text{-}6)$$

可以得到数据收集延迟 T_d 的分布如下:

$$F_{T_d}(t) = 1 - \left[1 - F_{T_{d_i}}(t)\right]^N \qquad (4\text{-}7)$$

则数据收集延迟的期望为

$$E[T_d] = \int_0^\infty \left[1 - F_{T_d}(t)\right] \mathrm{d}t \qquad (4\text{-}8)$$

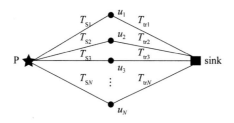

图 4-3　数据收集延迟分析模型

4.3.2　感知延迟分析

根据引理 4.2 和指数分布的特征,我们可以得出下面的推论。

推论 4.3　感知延迟 T_s 的分布为

$$F_{T_s}(t) = \Pr(T_s \leqslant t) = 1 - \mathrm{e}^{-\frac{2Nr_s vt}{A}} \qquad (4\text{-}9)$$

其期望为

$$E[T_s] = \frac{A}{2Nr_s v} \qquad (4\text{-}10)$$

可以看出,感知延迟的期望与移动节点的密度(N/A)、感知半径(r_s)、每个节点的移动速度(v)均成反比。

4.3.3　直接传输机制下的传输延迟分析

(1) 汇聚节点移动性对传输延迟的影响

假定网络中仅有一个汇聚节点,我们首先分析在静态汇聚节点情况下的传输延迟分布。在使用直接传输机制时,传输延迟等于移动节点与静态汇聚节点接触的延迟。令 $F_{T_{tr}}(t)$ 和 $E[T_{tr}]$ 分别表示传输延迟的分布及其期望。根据推论 4.2 和指数分布的特征,我们可以得到在直接传输机制下只有一个汇聚节点时 $F_{T_{tr}}(t)$ 和 $E[T_{tr}]$ 的表达式。同时,将 β_1 代替 β_3,则可以得到网络中只有一个移动汇聚节点时的相应表达式。结果如表 4-1 所示。

（2）汇聚节点个数对传输延迟的影响

下面我们分别分析网络中有 $N_0>1$ 个静态汇聚节点和 $N_0>1$ 个移动汇聚节点情况下的传输延迟分布。令 T_{tr_i} 表示采集到的感知数据首次投递到第 $i(1{\leqslant}i{\leqslant}N_0)$ 个汇聚节点的时间，则传输延迟 T_{tr} 是其最小值，即 $T_{tr}=\min\limits_{1{\leqslant}i{\leqslant}N_0}T_{tr_i}$。根据单一静态汇聚节点情况下的结果可知，$T_{tr_i}\sim\exp\left(\dfrac{2r_cv}{A}\right)$，则 T_{tr_i} 的最小值服从如下指数分布：$T_{tr_i}\sim\exp\left(\dfrac{2N_0r_cv}{A}\right)$，由此可得传输延迟的分布及期望。类似地，也可以得到 N_0 个移动汇聚节点情况下的传输延迟分布。结果如表 4-1 所示。

表 4-1　直接传输机制和不同汇聚节点部署机制下传输延迟的分布及期望

汇聚节点部署机制	$F_{T_{tr}}(t)$	$E[T_{tr}]$
单一静态汇聚节点	$1-e^{-\frac{2r_cvt}{A}}$	$\dfrac{A}{2r_cv}$
单一移动汇聚节点	$1-e^{-\frac{8N_0r_cvt}{\pi A}}$	$\dfrac{\pi A}{8r_cv}$
$N_0>1$ 个静态汇聚节点	$1-e^{-\frac{2N_0r_cvt}{A}}$	$\dfrac{A}{2N_0r_cv}$
$N_0>1$ 个移动汇聚节点	$1-e^{-\frac{8N_0r_cvt}{\pi A}}$	$\dfrac{\pi A}{8N_0r_cv}$

4.3.4　传染传输机制下的传输延迟分析

当使用传染传输机制时，可以使用传染病模型来分析数据的传播过程[2]。具体来说，每个移动节点存在下面三种状态：如果一个节点已经接收到一个数据，则称节点处于"传染"状态；如果一个节点还没接收到一个数据，但是还有可能接收到其他节点的数据，则称节点处于"可传染"状态；一旦一个携带数据的节点遇到了汇聚节点，它会将数据发送给汇聚节点，并删除自身所存储的数据，之后也不再接收同一数据，则称节点处于"免疫"状态。令 $I(t)$ 表示在 t 时刻"传染"节点的个数（包括源节点）。基于常微分方程，文献[2]推导了 $I(t)$ 的表达式：

$$I(t)=\frac{N}{1+(N-1)e^{-\beta_1Nt}} \tag{4-11}$$

下面我们分别分析汇聚节点移动性和汇聚节点个数的影响。

（1）汇聚节点移动性对传输延迟的影响

假定网络中仅有一个汇聚节点，我们首先给出在静态汇聚节点情况下的传输延迟分布。

引理 4.3 如果网络中只有一个静态汇聚节点,则在传染传输机制下传输延迟 T_{tr} 的分布为

$$F_{T_{tr}}(t) = \Pr(T_{tr} \leqslant t) = 1 - \left(\frac{N}{N-1+e^{\beta_1 Nt}}\right)^{\frac{\beta_3}{\beta_1}} = 1 - \left(\frac{N}{N-1+e^{\beta_1 Nt}}\right)^{\frac{\pi}{4}} \qquad (4\text{-}12)$$

并且其传输延迟的期望满足如下表达式:

$$\frac{\pi A \ln N}{8 r_c v(N-1)} < E[T_{tr}] < \frac{A \ln N}{2 r_c v(N-1)} \qquad (4\text{-}13)$$

证明:为了得出 $F_{T_{tr}}(t)$,首先定义 $H(t) = 1 - F_{T_{tr}}(t)$。然后,$H(t)$ 可以表示为

$$H(t+\Delta t) = H(t)\Pr\{\text{在 } \Delta t \text{ 时间内没有节点遇到汇聚节点}|I(t)\}$$

$$= H(t)(e^{-\beta_3 \Delta t})^{I(t)} \cdot H'(t)$$

$$= \lim_{\Delta t \to 0} \frac{H(t)\left[(e^{-\beta_3 \Delta t})^{I(t)} - 1\right]}{\Delta t}$$

$$= -\beta_3 H(t)I(t)$$

$$H(t) = H(0)e^{-\beta_3 \int_0^t I(s)\,ds}$$

根据初始条件 $F_{T_{tr}}(t) = 0$,有 $H(0) = 1$。因此,可以得出 T_{tr} 的分布如下:

$$F_{T_{tr}}(t) = 1 - H(t)$$

$$= 1 - e^{-\beta_3 \int_0^t I(s)\,ds}$$

$$= 1 - e^{-\beta_3 \int_0^t \frac{N}{1+(N-1)e^{-\beta_1 Ns}}\,ds}$$

$$= 1 - \left(\frac{N}{N-1+e^{\beta_1 Nt}}\right)^{\frac{\beta_3}{\beta_1}}$$

$$= 1 - \left(\frac{N}{N-1+e^{\beta_1 Nt}}\right)^{\frac{\pi}{4}}$$

因此,有 $H(t) = \left(\frac{N}{N-1+e^{\beta_1 Nt}}\right)^{\frac{\beta_3}{\beta_1}}$。传输延迟的期望可推导如下:

$$E[T_{tr}] = \int_0^\infty H(t)\,dt = \int_0^\infty \left(\frac{N}{N-1+e^{\beta_1 Nt}}\right)^{\frac{\beta_3}{\beta_1}}\,dt$$

在求解 $E[T_{tr}]$ 时找不到显式积分,所以我们试图得到它的近似解。

$H(t)$ 的表达式很容易被界定为

$$\frac{N}{N-1+e^{\beta_1 Nt}} < H(t) < \frac{N}{N-1+e^{\beta_3 Nt}}$$

注意,这些边界对应于所有节点和汇聚节点以相同的速率 β_1 和 β_3 彼此接触的情况;确切

的传输延迟高于第一个,但低于第二个。很容易得到

$$\int_0^\infty \frac{N}{N-1+e^{\beta_1 Nt}} dt = \frac{\ln N}{\beta_1(N-1)}$$

$$\int_0^\infty \frac{N}{N-1+e^{\beta_3 Nt}} dt = \frac{\ln N}{\beta_3(N-1)}$$

因此,得到

$$\frac{\ln N}{\beta_1(N-1)} < E[T_{tr}] < \frac{\ln N}{\beta_3(N-1)}$$

$$\frac{\pi A\ln N}{8r_c v(N-1)} < E[T_{tr}] < \frac{A\ln N}{2r_c v(N-1)}$$

将引理 4.3 中的 β_3 替换为 β_1,则可得到移动汇聚节点情况下的传输延迟分布。

推论 4.4 如果网络中有一个移动汇聚节点,且移动模式与一般移动节点相同,则在传染传输机制下传输延迟 T_{tr} 的分布为

$$F_{T_{tr}}(t) = \Pr(T_{tr} \leqslant t) = 1 - \frac{N}{N-1+e^{\beta_1 Nt}} \tag{4-14}$$

并且其传输延迟的期望满足如下表达式:

$$E[T_{tr}] = \frac{\pi A\ln N}{8r_c v(N-1)} \tag{4-15}$$

(2)汇聚节点个数对传输延迟的影响

下面我们分别分析网络中有 $N_0 > 1$ 个静态汇聚节点和 $N_0 > 1$ 移动汇聚节点情况下的传输延迟分布。

引理 4.4 如果网络中均匀部署 $N_0 > 1$ 个静态汇聚节点,则在传染传输机制下传输延迟 T_{tr} 的分布为

$$F_{T_{tr}}(t) = \Pr(T_{tr} \leqslant t) = 1 - \left(\frac{N}{N-1+e^{\beta_1 Nt}}\right)^{N_0 \frac{\beta_3}{\beta_1}} = 1 - \left(\frac{N}{N-1+e^{\beta_1 Nt}}\right)^{\frac{\pi N_0}{4}} \tag{4-16}$$

并且其传输延迟的期望满足如下表达式:

$$\frac{A\ln N}{2r_c v N_0(N-1)} < E[T_{tr}] < \frac{\pi A\ln N}{8r_c v(N-1)} \tag{4-17}$$

证明: 设 T_{tr_i} 为捕获的数据首次传送到第 i 个($1 \leqslant i \leqslant N_0$)汇聚节点的时间;传输延迟 T_{tr} 为最小值,即 $T_{tr} = \min\limits_{1 \leqslant i \leqslant N_0} T_{tr_i}$。根据引理 4.3,有

$$\Pr(T_{tr_i} \leqslant t) = 1 - \left(\frac{N}{N-1+e^{\beta_1 Nt}}\right)^{\frac{\beta_3}{\beta_1}}$$

所以得到

$$F_{T_{\text{tr}}}(t) = \Pr(T_{\text{tr}} \leqslant t) = 1 - [1 - \Pr(T_{\text{tr}_i} \leqslant t)]^{N_0}$$

$$= 1 - \left(\frac{N}{N - 1 + \text{e}^{\beta_1 Nt}}\right)^{N_0 \frac{\beta_3}{\beta_1}}$$

$$= 1 - \left(\frac{N}{N - 1 + \text{e}^{\beta_1 Nt}}\right)^{\frac{\pi N_0}{4}}$$

在这种情况下,有

$$H(t) = \left(\frac{N}{N - 1 + \text{e}^{\beta_1 Nt}}\right)^{N_0 \frac{\beta_3}{\beta_1}}$$

根据文献[2]中的附录 D,有

$$\frac{N}{N - 1 + \text{e}^{\beta_1 Nt}} \leqslant \left(\frac{N}{N - 1 + \text{e}^{\beta_1 pNt}}\right)^{\frac{1}{p}} \leqslant \frac{N}{N - 1 + \text{e}^{\beta_1 pNt}}$$

其中 $\frac{1}{p} \geqslant 1$,并且两个不等式都当且仅当 $p = 1$ 时取得边界值。因为 $N_0 \frac{\beta_3}{\beta_1} > 1$,有

$$\frac{N}{N - 1 + \text{e}^{\beta_3 N_0 Nt}} < H(t) < \frac{N}{N - 1 + \text{e}^{\beta_1 Nt}}$$

可以得到

$$\int_0^\infty \frac{N}{N - 1 + \text{e}^{\beta_3 N_0 Nt}} \text{d}t = \frac{\ln N}{\beta_3 N_0 (N - 1)}$$

$$\int_0^\infty \frac{N}{N - 1 + \text{e}^{\beta_1 Nt}} \text{d}t = \frac{\ln N}{\beta_1 (N - 1)}$$

于是,有

$$\frac{\ln N}{\beta_3 N_0 (N - 1)} < E[T_{\text{tr}}] < \frac{\ln N}{\beta_1 (N - 1)}$$

$$\frac{A \ln N}{2 r_c v N_0 (N - 1)} < E[T_{\text{tr}}] < \frac{\pi A \ln N}{8 r_c v (N - 1)} \qquad\qquad □$$

引理 4.5 如果网络中均匀部署 $N_0 > 1$ 个移动汇聚节点,则在传染传输机制下传输延迟 T_{tr} 的分布为

$$F_{T_{\text{tr}}}(t) = \Pr(T_{\text{tr}} \leqslant t) = 1 - \left(\frac{N}{N - 1 + \text{e}^{\beta_1 Nt}}\right)^{N_0} \qquad (4\text{-}18)$$

并且其传输延迟的期望满足如下表达式:

$$\frac{\pi A \ln N}{8 r_c v N_0 (N - 1)} < E[T_{\text{tr}}] < \frac{\pi A \ln N}{8 r_c v (N - 1)} \qquad (4\text{-}19)$$

证明: 此处 $F_{T_{\text{tr}}}(t)$ 的推导过程与引理 4.4 的证明类似,因此省略。

在这种情况下,有

$$H(t) = \left(\frac{N}{N-1+e^{\beta_1 Nt}} \right)^{N_0}$$

有

$$\frac{N}{N-1+e^{\beta_1 N_0 Nt}} < H(t) < \frac{N}{N-1+e^{\beta_1 Nt}}$$

可以得到

$$\int_0^\infty \frac{N}{N-1+e^{\beta_1 N_0 Nt}} dt = \frac{\ln N}{\beta_1 N_0 (N-1)}$$

$$\int_0^\infty \frac{N}{N-1+e^{\beta_1 Nt}} dt = \frac{\ln N}{\beta_1 (N-1)}$$

所以得到

$$\frac{\ln N}{\beta_1 N_0 (N-1)} < E[T_{tr}] < \frac{\ln N}{\beta_1 (N-1)}$$

$$\frac{\pi A \ln N}{8 r_c v N_0 (N-1)} < E[T_{tr}] < \frac{\pi A \ln N}{8 r_c v (N-1)}$$

4.3.5 直接传输机制下的数据收集延迟分析

从以上分析可知,感知延迟和各种汇聚节点部署机制下的传输延迟均服从指数分布。在分析数据收集延迟之前,先引入一个关于指数分布的引理。

引理 4.6 假定两个相互独立的随机变量 X 和 Y 均服从指数分布,即 $X \sim \exp(\lambda_x)$, $Y \sim \exp(\lambda_y)$。令 Z 表示这两个随机变量的和,即 $Z = X+Y$,则其分布满足下式:

$$F_Z(z) = \begin{cases} 1 + \dfrac{\lambda_y}{\lambda_x - \lambda_y} e^{-\lambda_x z} - \dfrac{\lambda_x}{\lambda_x - \lambda_y} e^{-\lambda_y z}, & \lambda_x \neq \lambda_y \\ 1 - (1+\lambda z) e^{-\lambda z}, & \lambda_x = \lambda_y = \lambda \end{cases} \tag{4-20}$$

下面,可推导出单一静态汇聚节点情况下的数据收集延迟。

定理 4.1 如果网络中有一个静态汇聚节点,则直接传输机制下的数据收集延迟分布为

$$F_{T_d}(t) = \begin{cases} 1 - \left(\dfrac{r_c}{r_s - r_c} e^{\frac{-2r_c vt}{A}} - \dfrac{r_c}{r_s - r_c} e^{\frac{-2r_s vt}{A}} \right)^N, & r_s \neq r_c \\ 1 - \left[\left(1 + \dfrac{2rvt}{A}\right) e^{\frac{-2rvt}{A}} \right]^N, & r_s = r_c = r \end{cases} \tag{4-21}$$

证明: 根据一个静态汇聚节点情形下的结果,得到 $T_{tr_i} \sim \exp\left(\dfrac{2r_c v}{A}\right)$。由于 T_{s_i} 和 T_{tr_i}

是相互独立的,且 $T_{s_i} \sim \exp\left(\dfrac{2r_s v}{A}\right)$,根据引理 4.6,可以得到

$$F_{T_{d_i}}(t) = \begin{cases} 1 + \dfrac{r_c}{r_s - r_c} e^{\frac{-2r_s vt}{A}} - \dfrac{r_s}{r_s - r_c} e^{\frac{-2r_c vt}{A}}, & r_s \neq r_c \\ 1 - \left(1 + \dfrac{2rvt}{A}\right) e^{\frac{-2rvt}{A}}, & r_s = r_c = r \end{cases}, \quad 1 \leqslant i \leqslant N$$

根据式(4-7),可以得到 T_d 的分布。 □

类似地,可以推导出其他汇聚节点部署机制情况下的数据收集延迟。

定理 4.2 如果网络中有一个移动汇聚节点,且移动模式与一般移动节点相同,则直接传输机制下的数据收集延迟分布为

$$F_{T_d}(t) = \begin{cases} 1 - \left(\dfrac{\pi r_s}{\pi r_s - 4r_c} e^{\frac{-8r_c vt}{\pi A}} - \dfrac{4r_c}{\pi r_s - 4r_c} e^{\frac{-2r_s vt}{A}}\right)^N, & \pi r_s \neq 4r_c \\ 1 - \left[\left(1 + \dfrac{2r_s vt}{A}\right) e^{\frac{-2r_s vt}{A}}\right]^N, & \pi r_s = 4r_c \end{cases} \quad (4\text{-}22)$$

定理 4.3 如果网络中均匀部署 $N_0 > 1$ 个静态汇聚节点,则在直接传输机制下的数据收集延迟分布为

$$F_{T_d}(t) = \begin{cases} 1 - \left(\dfrac{r_s}{r_s - N_0 r_c} e^{\frac{-2N_0 r_c vt}{A}} - \dfrac{N_0 r_c}{r_s - N_0 r_c} e^{\frac{-2r_s vt}{A}}\right)^N, & r_s \neq N_0 r_c \\ 1 - \left[\left(1 + \dfrac{2r_s vt}{A}\right) e^{\frac{-2r_s vt}{A}}\right]^N, & r_s = N_0 r_c \end{cases} \quad (4\text{-}23)$$

定理 4.4 如果网络中有 $N_0 > 1$ 个移动汇聚节点,且移动模式与一般移动节点相同,则在直接传输机制下的数据收集延迟分布为

$$F_{T_d}(t) = \begin{cases} 1 - \left(\dfrac{\pi r_s}{\pi r_s - 4N_0 r_c} e^{\frac{-8N_0 r_c vt}{\pi A}} - \dfrac{4N_0 r_c}{\pi r_s - 4N_0 r_c} e^{\frac{-2r_s vt}{A}}\right)^N, & \pi r_s \neq 4N_0 r_c \\ 1 - \left[\left(1 + \dfrac{2r_s vt}{A}\right) e^{\frac{-2r_s vt}{A}}\right]^N, & \pi r_s = 4N_0 r_c \end{cases} \quad (4\text{-}24)$$

另外需要说明的是,虽然在上述各种情况下无法得到数据收集延迟期望的封闭解,但可以根据式(4-8)获得相应的数值结果。

4.3.6 传染传输机制下的数据收集延迟分析

第 4.3.4 节分析了各种汇聚节点部署机制下的传输延迟分布。然而,很难推导出数据收集延迟分布的封闭解。因此,接下来将展示计算 T_{d_i} 和 T_d 的分布的过程。

既然 $T_{d_i} = T_{s_i} + T_{tr_i}$,$1 \leqslant i \leqslant N$,则可以得到 T_{d_i} 的分布

$$F_{T_{d_i}}(t) = \int_0^t f_{T_{s_i}}(x)\mathrm{d}x \int_0^{t-x} f_{T_{tr_i}}(y)\mathrm{d}y \qquad (4\text{-}25)$$

其中，$f_{T_{s_i}}$ 和 $f_{T_{tr_i}}(y)$ 分别是 T_{s_i} 和 T_{tr_i} 的概率密度函数。因此，可以根据式(4-7)得到 T_d 的分布。下面推导在网络中仅有一个移动汇聚节点情况下 T_d 的分布，其他情况下 T_d 的分布可以用相似的方法得到。

根据 4.3.2 节的分析可知，$F_{T_{s_i}}(t) = 1 - \mathrm{e}^{-\frac{2r_s vt}{A}}$。根据引理 4.4 可知，$F_{T_{tr_i}}(t) = 1 - \dfrac{N}{N-1+\mathrm{e}^{\beta_1 Nt}}$。因此，根据式(4-25)可推出

$$
\begin{aligned}
F_{T_{d_i}}(t) &= \int_0^t f_{T_{s_i}}(x)\mathrm{d}x \int_0^{t-x} f_{T_{tr_i}}(y)\mathrm{d}y \\
&= \int_0^t F'_{T_{s_i}}(x)\left[F_{T_{tr_i}}(t-x) - F_{T_{tr_i}}(0)\right]\mathrm{d}x \\
&= \int_0^t \frac{2r_s v}{A}\mathrm{e}^{\frac{-2r_s ux}{A}}\left(1 - \frac{N}{N-1+\mathrm{e}^{\beta_1 N(t-x)}}\right)\mathrm{d}x \\
&= 1 - \mathrm{e}^{\frac{-2r_s vt}{A}} - \int_0^t \frac{2r_s v}{A}\mathrm{e}^{\frac{-2r_s ux}{A}}\frac{N}{N-1+\mathrm{e}^{\beta_1 N(t-x)}}\mathrm{d}x
\end{aligned}
\qquad (4\text{-}26)
$$

因此，可以得到

$$F_{T_d}(t) = 1 - \left(\mathrm{e}^{\frac{-2r_s vt}{A}} + \int_0^t \frac{2r_s v}{A}\mathrm{e}^{\frac{-2r_s ux}{A}}\frac{N}{N-1+\mathrm{e}^{\beta_1 N(t-x)}}\mathrm{d}x\right)^N \qquad (4\text{-}27)$$

同时，可以根据式(4-8)推导出数据收集延迟的期望的数值结果。

4.4 仿 真 验 证

为了验证对三种延迟的理论分析，我们基于 VC++ 开发了一个独立的仿真平台，仿真参数设置如下：仿真区域面积为 $A = 600 \times 600\ \mathrm{m}^2$，移动节点个数为 $N = 40$，移动速度为 $v = 10\ \mathrm{m/s}$，感知半径为 $r_s = 10\ \mathrm{m}$，传输半径为 $r_c = 10\ \mathrm{m}$，兴趣点个数为 100 个，汇聚节点个数为 1~10 个。其中，感知区域内均匀放置 100 个兴趣点，每种情况下运行仿真 50 次，并取其各种延迟的平均值作为仿真结果。设置各种汇聚节点部署和传输机制编号如下：①单个静态汇聚节点，直接传输；②单个移动汇聚节点，直接传输；③多个静态汇聚节点，直接传输；④多个移动汇聚节点，直接传输；⑤单个静态汇聚节点，传染传输；⑥单个移动汇聚节点，传染传输；⑦多个静态汇聚节点，传染传输；⑧多个移动汇聚节点，传染传输。

首先,我们设置 $N_0=4$。各种情况下的感知延迟和传输延迟分布如图 4-4 和图 4-5 所示。各种情况下的数据收集延迟分布如图 4-6 和图 4-7 所示。我们可以看到所有仿真结果与理论分析基本保持一致,其中的微小差别主要来自边界效应(即边界区域的一些移动节点会导致覆盖损失)。同时,我们也可以观察到汇聚节点的移动性和汇聚节点个数的增加均可以减少传输延迟和数据收集延迟。

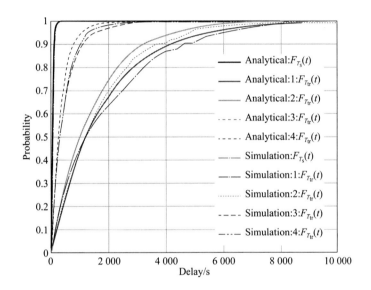

图 4-4 直接传输机制下感知延迟和传输延迟的理论分析与仿真结果对比

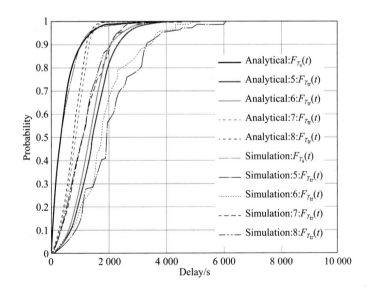

图 4-5 传染传输机制下感知延迟和传输延迟的理论分析与仿真结果对比

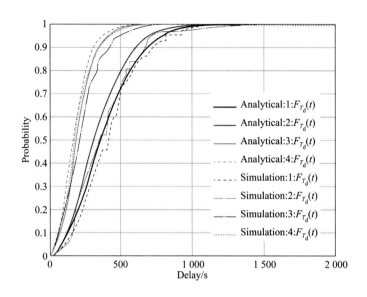

图 4-6　直接传输机制下数据收集延迟的理论分析与仿真结果对比

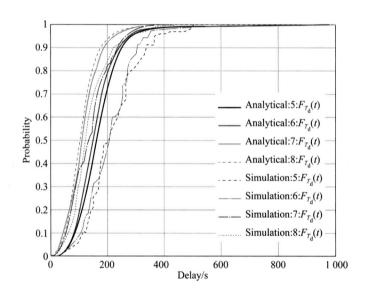

图 4-7　传染传输机制下数据收集延迟的理论分析与仿真结果对比

　　其次,我们设置汇聚节点的个数 N_0 从 1 增加到 10。多个汇聚节点情况下的感知延迟和传输延迟的期望如图 4-8 所示,其中 $N_0=1$ 时则是单一汇聚节点情况。我们可以看到,在直接传输机制下传输延迟的期望远远大于感知延迟的期望。具体来说,当网络中有一个静态汇聚节点时,传输延迟的期望是感知延迟的期望的 40 倍。随着汇聚节点个数的增加,传输延迟将变小。相比之下,在传染传输机制下,传输延迟的期望与感知延迟的期望则非常接近,甚至随着汇聚节点个数的增加,传输延迟将小于感知延迟。我们也可以看到,汇聚节点的移动性可以减少传输延迟的期望。

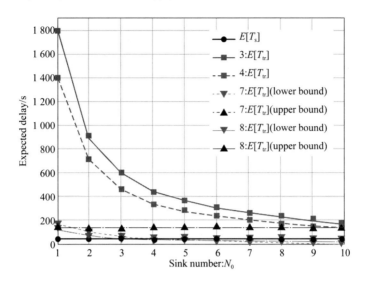

图 4-8 各种情况下感知延迟和传输延迟的期望

4.5 本 章 小 结

在本章中,我们面向移动群智感知应用,提出了一个机会数据收集统一延迟分析框架。我们考虑了三个服务质量指标:感知延迟、传输延迟和数据收集延迟,并分析了这些延迟随移动传感器节点数目、移动速度、感知半径和传输半径等参数的变化规律。同时,我们研究了不同的汇聚节点部署方案和数据传输方案对传输延迟和数据收集延迟的影响。我们的分析结果有助于全面理解机会数据收集模式的延迟性能,并可以作为验证机会数据收集算法的基线。虽然本章只讨论了随机移动性模型,但我们提出的延迟度量和分析框架也适用于其他移动性模式。在未来的工作中,可进一步基于真实的人类移动轨迹或更复杂的人类移动模型得出更全面的分析结果。

本章参考文献

[1] Groenevelt R,Nain P,Koole G. The message delay in mobile ad hoc networks [J]. Performance Evaluation,2005,62(1-4):210-228.

［2］ Zhang X，Neglia G，Kurose J，et al. Performance modeling of epidemic routing ［J］. Computer Networks，2007，51(10)：2867-2891.

［3］ Chin T，Ramanathan P，Saluja K. Analytic modeling of detection latency in mobile sensor networks［C］. In Proc. of ACM/IEEE IPSN，2006：194-201.

［4］ Liu B，Brass P，Dousse O，et al. Mobility improves coverage of sensor networks ［C］. In Proc. of ACM MobiHoc，2005：300-308.

［5］ Wang X，Wang X，Zhao J. Impact of mobility and heterogeneity on coverage and energy consumption in wireless sensor networks［C］. In Proc. of IEEE ICDCS，2011.

［6］ Wimalajeewa T，Jayaweera S. Impact of mobile node density on detection performance measures in a hybrid sensor network［J］. IEEETransactions on Wireless Communications，2010，9(5)：1760-1769.

［7］ Luo J，Hubaux J. Joint mobility and routing for lifetime elongation in wireless sensor networks［C］. In Proc. of IEEE INFOCOM，2005：1735-1746.

［8］ Yun Y，Xia Y. Maximizing the lifetime of wireless sensor networks with mobile sink in delay-tolerant applications［J］. IEEETransactions on Mobile Computing，2010，9(9)：1308-1318.

第5章

基于时空相关性的协作机会感知

5.1 引　言

只有当足够的用户参与,并且在合适的时间和合适的地方有合适的传感器可用,才能满足数据收集质量需求。然而,当参与感知任务时,节点会消耗自身的能量,从而影响可用的节点数量。因此,以能量有效的方式提供满意的数据收集质量是移动群智感知网络中数据收集问题的一项重要研究内容。本章中沿用第3章提出的机会覆盖作为数据收集质量的度量指标,通过节点协作实现覆盖质量与能量消耗的平衡。首先,我们注意到机会覆盖有以下四个特征。

(1) 具有时空相关性。例如,感知区域内的某个位置点在某个时间的空气质量可以代表其周围一片区域在某个时间段的空气质量,所以只需要一片区域的某个位置点被周期性地覆盖,而不要求该区域的每个位置点在任意时间均被覆盖。

(2) 具有覆盖不平衡性。由于人们总是倾向于去一些热点地区(如商场、火车站等)而不是单纯地随机移动,所以热点地区的覆盖质量总是优于其他地方。

(3) 不同节点有不同的移动模式,因而对覆盖质量的贡献总是不同的。

(4) 只有当一个节点在某个区域进行一次采样时,我们才称该区域被机会覆盖一次,所以覆盖质量与节点的采样率密切相关。采样率越高,则覆盖质量越好,但同时节点的能量消耗也越高。

上述特征导致如下两个重要的研究问题:

(1) 如何选择最少个数的节点达到所需要的覆盖质量需求?

(2) 如何为每个节点设置合适的采样率以实现覆盖质量与能量消耗的平衡?

本章针对上述两个问题进行研究,主要工作包括:首先,提出了一个离线的节点选择机制,可以根据给定的节点集合的历史移动轨迹,从中选择最少个数的节点子集,使其满足指定的覆盖质量需求。由于人的移动模式具有一定的稳定性,因而所选择的节点子集可在未来的时间内有效地执行感知任务。其次,提出了一个在线的节点自适应采样机制,可以根据感知数据的时空相关性,自适应地决定每个节点在某个时间是否执行采样任务。最后,基于两个真实的移动轨迹数据集,对所提出的两个机制进行仿真验证,证明其可以实现覆盖质量与能量消耗的平衡。

5.2　系统模型与问题描述

本章所使用的系统模型以第 3 章介绍的机会覆盖模型为基础,在此不再赘述。除此之外,我们将整个时间段 T 划分为 l 个同等大小(T_c)的覆盖周期,即 $T = l \times T_c$($T_s < T_c < T$, T_s 为采样周期)。因而每个覆盖周期包含 k/l 个采样周期,即 $T_c = kT_s/l$。由于感知数据的时空相关性,可以合理地假定仅需每个网格单元在每个覆盖周期被机会覆盖一次,而不是在任意时间一直被覆盖。所以,覆盖周期的大小代表由应用需求所决定的时间感知粒度。为了描述每个网格单元在每个覆盖周期的覆盖质量,我们进行如下定义。

定义 5.1(机会覆盖度)　对于每个网格单元 $g_i \in G$,其在第 $x(x = 1, 2, \cdots, l)$ 个覆盖周期内被集合 V 中所有节点覆盖的总次数称为机会覆盖度,表示为 $O_i(x)$,即

$$O_i(x) = \sum_{t=(x-1)T_c}^{xT_c} \sum_{j=1}^{n} C(g_i, L_j(t)) \tag{5-1}$$

由上述定义可以看出,每个网格单元的机会覆盖度与以下三个因素有关:节点集合、每个节点的移动轨迹和采样周期。参与感知任务的节点越多,采样周期越短,则机会覆盖度越高,同时消耗的能量也越多。因此,自然产生一个问题:给定一个节点集合及其历史移动轨迹,怎样选择一个有效的节点子集,并为每个节点设置合适的采样率,使其实现覆盖质量与能量消耗的平衡?由于不同的应用可能对不同的网格单元有不同的覆盖质量需求,因而我们对其进行一般化定义。

定义 5.2(有效覆盖)　若某个网格单元 $g_i \in G$ 在整个时间段 T 的每个覆盖周期内的机会覆盖度都不小于 $K(K \geqslant 1)$,即满足条件

$$O_i(x) \geqslant K, \forall x = 1, 2, \cdots, l \tag{5-2}$$

则称该网格单元被有效覆盖。

理想情况下,仅需要每个网格单元在每个覆盖周期被采样一次即可,即取 $K=1$ 就足够。然而,我们需要定义一个通用的覆盖限制,即 $K \geqslant 1$ 来应对一些不确定因素。首先,现实世界中人的移动轨迹总是存在一定的随机性,因而我们不能保证选择的节点在某个合适的时间出现在合适的地点。其次,可能存在某些节点在某个时间电量耗尽,或者存在某些传感器正被占用,例如当用户正在打电话的时候,手机上的麦克风不能用来感知环境噪声,因而我们不能保证传感器总是可用的。最后,仅仅一个采样数据无法避免测量误差。因此,必须通过维持一定的覆盖冗余来弥补覆盖质量的不确定性。这与固定部署传感器网络中 K 覆盖的概念相似,即要求监测区域内的每一位置点至少被 K 个传感器节点同时覆盖,从而维持一定的冗余和错误容忍性,并满足目标检测、定位、分类、跟踪等功能需求[1, 2]。在机会覆盖问题中,更大的 K 值提供给网格单元更多的覆盖机会,同时也导致更多的采样冗余,增加了系统的能量消耗。我们将在 5.6 节中分析 K 值对覆盖质量和能量消耗的影响。

根据上述定义,我们得到一个有效覆盖的网格单元集合 $G' = g_{i1}, g_{i2}, \cdots, g_{ir}$,其中 $G' \subseteq G$。不同的节点在不同的覆盖周期总是对不同的网格单元的覆盖质量有着不同的贡献,我们将其定义如下。

定义 5.3(覆盖贡献矩阵) 节点 $v_j \in V$ 在第 $x(x=1, 2, \cdots, l)$ 个覆盖周期对网格单元 $g_i \in G$ 的覆盖次数表示为 $d_{j,i}(x)$。因此,节点 v_j 的覆盖贡献矩阵可以表示为

$$\boldsymbol{D}_j = \begin{pmatrix} d_{j,1}(1) & d_{j,2}(1) & \cdots & d_{j,(m-1)}(1) & d_{j,m}(1) \\ d_{j,1}(2) & d_{j,2}(2) & \cdots & d_{j,(m-1)}(2) & d_{j,m}(2) \\ \vdots & \vdots & & \vdots & \vdots \\ d_{j,1}(l) & d_{j,2}(l) & \cdots & d_{j,(m-1)}(l) & d_{j,m}(l) \end{pmatrix}_{l \times m} \tag{5-3}$$

每个网格单元 $g_i \in G$ 的机会覆盖度与所有节点的覆盖贡献矩阵之间的关系为:
$O_i(x) = \sum_{j=1}^{n} d_{j,i}(x)$,其中 $x = 1, 2, \cdots, l$。

5.3 协作机会感知架构

首先,我们对一个真实的人的移动轨迹数据集进行覆盖分析,从而进一步讨论覆盖质量与能量消耗的平衡问题。具体地说,以 KAIST 数据集[3] 为例,将 $8\,000\,\text{m} \times 14\,000\,\text{m}$ 的感知区域划分为 16×28 个大小为 $500\,\text{m} \times 500\,\text{m}$ 的网格单元集合。92 个节点在 4 小

时内的移动轨迹如图 5-1(a)所示。我们设置覆盖周期和采样周期分别为 $T_c = 1\,800\,\text{s}$ 和 $T_s = 30\,\text{s}$。每个有效覆盖的网格单元的覆盖限制设置为 $K = 1$。覆盖测量结果如图 5-1 所示。由于节点个数较少，且每个节点的运动范围受限，只有 11 个网格单元被有效覆盖。从分析结果可观察到以下两个现象。

（1）每个有效覆盖的网格单元都存在大量的冗余采样。事实上，我们仅需要每个网格单元在每半个小时内被采样一次，因此每个网格单元在 4 小时内总共只需要被覆盖 8 次。然而，从图 5-1(b)可以看出，每个有效覆盖的网格单元都被过量地采样。例如，网格单元 g_{180} 在 4 个小时内被覆盖了 13 383 次，是所需次数的 1 673 倍。

（2）存在一些冗余的节点。从图 5-1(c)可以看出，不同节点对网格单元的覆盖次数有很大不同，存在一些无效的节点对覆盖的贡献度很小。而且，节点冗余也是导致采样冗余的重要原因。

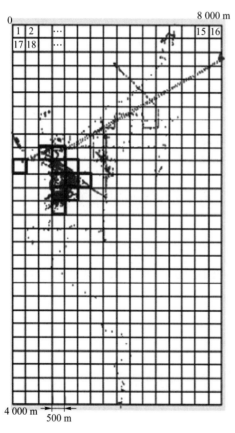

(a) 16 × 28 个大小为 500 m×500 m 的网格单元（其中点表示节点的移动轨迹，粗线的方框表示有效覆盖的网格单元）

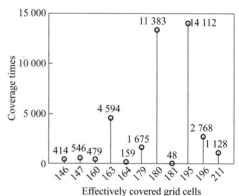

(b) 每 11 个有效覆盖的网格单元在 4 小时内被 92 个节点覆盖的次数

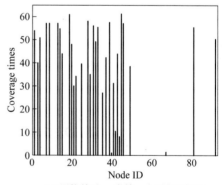

(c) 网格单元 g_{180} 在第一个覆盖周期内分别被 92 节点覆盖的次数

图 5-1 基于 KAIST 数据集的覆盖分析结果

明显地,上述两个现象将会导致能量浪费。为了解决该问题,我们提出了一个能量有效的协作机会感知架构,如图 5-2 所示,包含如下两个机制。

(1)离线的节点选择。基于所有节点的覆盖贡献矩阵,选择最少个数的节点子集,使其满足所有有效覆盖网格单元的覆盖质量需求。通过该机制可以减少节点冗余。

(2)在线的节点自适应采样。根据感知数据的时空相关性,自适应地决定每个节点在某个时间是否执行采样任务。通过该机制可以进一步减少采样冗余。

通过上述两个机制可以实现覆盖质量和能量消耗的平衡。

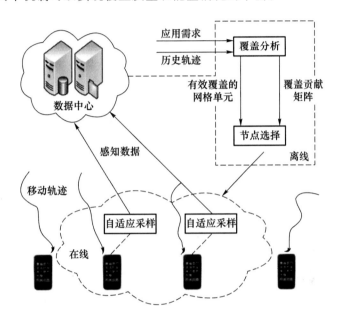

图 5-2 能量有效的协作机会感知架构

5.4 离线的节点选择

本节中,我们首先对节点选择问题进行正式的数学定义,分析问题难度,然后设计求解该问题的算法。

5.4.1 节点选择问题描述

根据所有节点的历史移动轨迹,我们可以获得一个有效覆盖的网格单元集合以及每个节点的覆盖贡献矩阵。我们对节点选择问题定义如下。

定义 5.4(节点选择问题) 给定一个有效覆盖的网格单元集合 $G' = \{g_{i1}, g_{i2}, \cdots, g_{ir}\}$ 和一个移动节点集合 $V = \{v_1, v_2, \cdots, v_n\}$。每个节点 v_j 有一个覆盖贡献矩阵 $\boldsymbol{D}_j$ 满足下式：

$$\sum_{j=1}^{n} d_{j,i}(x) = O_i(x) \geqslant K, \forall g_i \in G', \quad \forall x = 1, 2, \cdots, l, K \geqslant 1 \tag{5-4}$$

则节点选择问题是如何找到一个最小的节点子集 $V_{\min} \subseteq V$，使其满足下式：

$$\sum_{v_j \in V_{\min}} d_{j,i}(x) \geqslant K, \forall g_i \in G', \quad \forall x = 1, 2, \cdots, l, K \geqslant 1 \tag{5-5}$$

上述问题可以看作 l 个子问题的联合，其中每个子问题对应一个覆盖周期。每个子问题可以看作一个覆盖整数规划(covering integer program)问题，是著名的集合覆盖问题(set cover problem)的扩展，已经被相关文献证明是 NP 难问题[4]。因此，节点选择问题也是 NP 难问题。令 $\mathbb{Z}_+$ 和 $\mathbb{R}_+$ 分别表示非负整数和非负实数。覆盖整数规划问题可正式定义如下。

定义 5.5(覆盖整数规划问题) 给定一个集合族 $F = \{S(1), S(2), \cdots, S(n)\}, \bigcup_{i=1}^{n} S(i) = X$，集合覆盖问题是从中选择尽可能少的集合，使其并集等于 X。更一般地，给定一个非负矩阵 $\boldsymbol{A} \in \mathbb{Z}_+^{m \times n}$ 和向量 $\boldsymbol{b} \in \mathbb{Z}_+^{m}, \boldsymbol{v} \in \mathbb{R}_+^{n}$，覆盖整数规划问题是在满足 $\boldsymbol{v}^{\mathrm{T}} \cdot \boldsymbol{x}(\boldsymbol{x} \in \{0,1\}^n)$ 的条件下最小化 $\boldsymbol{v}^{\mathrm{T}} \cdot \boldsymbol{x}$。集合覆盖问题是矩阵 $\boldsymbol{A}$ 为 0/1 矩阵的特殊情况，其各列表示集合 $S(1), S(2), \cdots, S(n)$。

对于第 x 个覆盖周期的子问题，有

$$\boldsymbol{A} = \begin{bmatrix} d_{1,1}(x) & d_{2,1}(x) & \cdots & d_{(n-1),1}(x) & d_{n,1}(x) \\ d_{1,2}(x) & d_{2,2}(x) & \cdots & d_{(n-1),2}(x) & d_{n,2}(x) \\ \vdots & \vdots & & \vdots & \vdots \\ d_{1,m}(x) & d_{2,m}(x) & \cdots & d_{(n-1),m}(x) & d_{n,m}(x) \end{bmatrix}_{m \times n}$$

$$\boldsymbol{b} = (K, K, \cdots, K)^{\mathrm{T}}$$

$$\boldsymbol{v} = (1, 1, \cdots, 1)^{\mathrm{T}}$$

特殊地，当 $K = 1$ 时，问题可以简化为集合覆盖问题。对于这种特殊情况，我们可以忽略 $d_{j,i}(x)$ 的值。也就是说，对于每个网格单元 g_i，节点 v_j 有两个状态：如果 $d_{j,i}(x) \geqslant 1$，则

节点 v_j 覆盖 g_i,否则不覆盖 g_i。

5.4.2　算法设计

根据上一节的分析,我们可以采用分而治之的方法,即将节点选择问题分解为 l 个子问题进行求解。第 $x(1\leqslant x\leqslant l)$ 个子问题旨在找到最小的节点子集 $V_x\subseteq V$ 满足下式:

$$\sum_{v_j\in V_x}d_{j,i}(x)\geqslant K,\quad\forall g_i\in G' \tag{5-6}$$

对于每个子问题,我们可以采用与求解集合覆盖问题相似的方法。具体地说,我们采用一种贪婪策略,该策略已证明可以在多项式时间内对集合覆盖问题求得 $(1-1/e)$ 近似解。不同的是,需要调整节点选择的评价函数来适应更一般化的覆盖整数规划问题。对于每个节点 v_j,定义以下两个评价函数:

- $f_1(v_j)$,用来量化当节点 v_j 加入集合 V_x 时达到覆盖次数限制的网格单元个数;
- $f_2(v_j)$,用来量化当节点 v_j 加入集合 V_x 时所有网格单元所增加的覆盖次数之和。

由于我们的首要目标是选择最少个数的节点使所有网格单元达到覆盖次数限制,因此考虑 $f_1(v_j)$ 的优先级高于 $f_2(v_j)$,也就是说,我们总是趋向于选择最大化 $f_1(v_j)(\forall v_j\in V)$ 的节点,只要其最大值大于零。然而,可能在某次迭代过程中,加入任何一个节点都不能使任何新的网格单元达到覆盖次数限制,即 $f_1(v_j)=0(\forall v_j\in V)$。在这种情况下,我们采用第二个评价函数,即选择最大化 $f_2(v_j)(\forall v_j\in V)$ 的节点。

算法 5.1 显示单周期节点选择算法的细节。首先,初始化有效覆盖的网格单元集合 U、移动节点集合 V'、选择节点集合 V_x,以及网格单元 g_i 在第 x 个覆盖周期被 V_x 中的节点覆盖的次数 $o_i(x)$。其次,该算法不断迭代,并在每次迭代过程中选择一个最佳候选节点 v_b,直到所有网格单元都从集合 U 中移除。在每次迭代过程中,我们计算关于节点 v_j 的两个评价函数,然后根据上述规则选择一个最佳候选节点 v_b。再次,当选择节点 v_b 时,更新覆盖次数 $o_i(x)$。如果 $o_i(x)$ 不小于网格单元 g_i 的覆盖次数限制,即 $o_i(x)\geqslant K$,则将 g_i 从集合 U 中移除。同时,将 v_b 从集合 V' 中移除,并放置到集合 V_x 中。最后,当算法终止时,集合 V_x 中的节点可使集合 U 中每个网格单元达到覆盖需求。

算法 5.1 单周期节点选择算法

Input: $x, G' = \{g_{i1}, g_{i2}, \cdots, g_{ir}\}, V = \{v_1, v_2, \cdots, v_n\}, d_{j,i}(x)(k = 1, 2, \cdots, n, g_i \in G'), K;$

     /∗ 初始化   ∗/

1   $U \leftarrow G'; V' \leftarrow V; V_x \leftarrow \varnothing;$

2   **foreach** $g_i \in U$ **do** $o_i(x) \leftarrow 0;$

3   **while** $U \neq \varnothing$ **do**

      /∗ 计算每个节点的两个评价函数   ∗/

4   **foreach** $v_j \in V'$ **do**

5          $f_1(v_j) \leftarrow 0; f_2(v_j) \leftarrow 0;$

6   **foreach** $g_i \in U$ **do**

7   **if** $o_i(x) + d_{j,i}(x) \geqslant K$ **then**

8                  $f_1(v_j) \leftarrow f_1(v_j) + 1;$

9   **end**

10              $f_2(v_j) \leftarrow f_2(v_j) + d_{j,i}(x);$

11   **end**

12   **end**

      /∗ 选择最佳候选节点   ∗/

13   令 $v_{b1} = v_j \in V'$ 使其最大化 $f_1(v_j);$

14   令 $v_{b2} = v_j \in V'$ 使其最大化 $f_2(v_j);$

15      $f_1(v_{b1}) > 0 ? v_b \leftarrow v_{b1} : v_b \leftarrow v_{b2};$

16   **foreach** $g_i \in U$ **do**

17          $o_i(x) \leftarrow o_i(x) + d_{b,i}(x);$

18   **if** $o_i(x) \geqslant K$ **then**

19              $U \leftarrow U - \{g_i\};$

20   **end**

21   **end**

22      $V' \leftarrow V' - \{v_b\}; V_x \leftarrow V_x \cup \{v_b\};$

23 **end**

24 **return** $V_x;$

基于单周期节点选择算法,我们进一步设计包含 l 个步骤的节点选择算法。如算法 5.2 所示,在每个步骤,根据单周期节点选择算法获得一个节点子集 $V_x \in V$,使其满足第 x 个覆盖周期内所有网格单元的覆盖需求,然后将 V_x 添加到 $V_{\min}$ 中。在 l 个步骤之后,我们可以获得所需要的最小节点子集 $V_{\min} \in V$,使其满足每个覆盖周期内所有网格单元的覆盖需求。

算法 5.2 节点选择算法

Input: $G' = \{g_{i1}, g_{i2}, \cdots, g_{ir}\}, V = \{v_1, v_2, \cdots, v_n\}, D_j(k = 1, 2, \cdots, n), K;$

1   $V_{\min} \leftarrow \varnothing;$

2   **for** $x \leftarrow 1$ **to** l **do**

3   基于单周期节点选择算法获取子集 $V_x \in V;$

4      $V_{\min} \leftarrow V_{\min} \cup V_x;$

5 **end**

6 **return** $V_{\min};$

5.5 在线的节点自适应采样

本节我们介绍在线的自适应采样机制来控制每个选择节点的采样率。由于缺乏集中式的控制机制,每个节点只能通过与其他节点交换信息,并基于感知数据的时空相关性来局部地决定是否执行采样任务。为了设计该机制,需要解决两个问题:①每个节点如何根据获取的局部信息决定是否执行采样任务?②每个节点如何在动态网络环境中与其他节点交换信息?因此,我们所设计的在线的节点自适应机制包括局部控制和传染交换两个算法。在详细介绍这两个算法之前,首先介绍该问题的三个假定。

(1)所有节点可以通过某种位置服务(如 GPS)实时地获取其在监测区域内的位置信息。

(2)每个节点周期性地发送信标消息,可以实时发现周围的邻居节点。

(3)每个节点的通信范围足够大,从而可以与邻居节点交换覆盖信息。

5.5.1 局部控制算法

为了控制采样率,我们使每个节点 v_j 局部存储两个表,描述如下。

(1)控制表 CtrTable(v_j),其大小固定为 1。表中的每项是一个二进制数,表示节点 v_j 是否需要在每个覆盖周期执行采样任务。所有项以覆盖周期号为索引。每项的数值表示节点选择算法的结果。如果 v_j 在第 x 个时间步骤被选择,则控制表 CtrTable(v_j)第 x 项的值设置为 1,否则设置为 0。图 5-3(a)是一个控制表的示意图。该表存储 8 个二进制数,表示节点 v_j 仅在第 1、4、7 个覆盖周期执行采样任务,而在其他 5 个覆盖周期保持睡眠状态。

(2)覆盖表 CovTable(v_j),其大小是动态变化的。表中的每项是一个二元组,包含网格单元 ID 号和该网格单元在某个覆盖周期的覆盖次数(至少为 1 次)。需要注意的是,该表不仅包含被节点 v_j 覆盖的网格单元,还包含通过与其他节点交换覆盖信息获取的其他节点所覆盖的网格单元(将在下一节中详细描述)。在每个覆盖周期的开始,我们将每个节点的覆盖表清空。在覆盖周期的结束时刻,只要一个新的网格单元被节点 v_j 采样一次,就将该网格单元加入覆盖表 CovTable(v_j)中。如果该网格单元已经在覆盖表中,则更新其覆盖次数。图 5-3(b)是一个覆盖表的示意图。该表存储了 4 项,表示在当前覆盖周期中网格单元 g_{146}、g_{179}、g_{180} 和 g_{195} 的覆盖次数分别为 1、1、2、3。

(a) 控制表   (b) 覆盖表

图 5-3 节点局部存储的两个表的示意图

算法 5.3 描述了局部控制算法。以节点 v_j 为例,其在每个时间步骤执行该算法。如果当前时间步骤恰好在一个覆盖周期的开始,则节点 v_j 清除它的覆盖表(2~4 行)。然后,根据当前的覆盖周期号获取控制表 CtrTable(v_j)第 x 项的值。如果该值等于 0,则节点 v_j 无须进行任何其他操作,即保持睡眠状态;否则,按照以下步骤操作:如果节点 v_j 所在的网格单元 g_i 不在它的覆盖表中,或者覆盖次数小于 K,则使节点 v_j 在网格单元 g_i 执行一次采样,并且更新其覆盖表(6~14 行)。

算法 5.3 局部控制算法(在每个节点 v_j 中执行)

```
1  for t ← Ts to T do
2      if t%Tc = 0 then
3          设置覆盖表CovTable(vj)为空;
4      end
5      x ← t/Tc + 1;
6      if CtrTable(vj)[x] = 1 then
7          获取节点vj的位置Lj(t), 以及vj所覆盖的网格单元gi, 即 Ci(Lj(t)) = 1;
8          if gi不在覆盖表CovTable(vj)中 then
9              令节点vj在网格单元gi中执行采样,然后将gi加入覆盖表CovTable(vj)中,
               并设置网格单元gi的覆盖次数为1;
10         end
11         if gi在覆盖表CovTable(vj)中, 并且gi的覆盖次数小于K then
12             令节点vj在网格单元gi中执行采样,然后将gi的覆盖次数加1;
13         end
14     end
15 end
```

5.5.2 传染交换算法

如上一节所述,每个节点在它的覆盖表中存储覆盖信息。为了精确地决定是否在某个覆盖周期执行采样任务,每个节点需要知道所有节点的全局覆盖信息。然而,在一个经常处于非连通状态的动态网络中,节点很少有连通路径可以传播它们的覆盖表。为了解决该问题,我们采用一个传染路由的变种来相互交换节点的覆盖表。传染路由广泛应用于机会网络和容迟网络中,它采用一个"存储-携带-转发"机制:一个节点在移动过程中

存储和携带着它所接收到的数据包,并将数据包转发给它遇到的其他新的节点;新传染的节点以相同的方式转发数据包;通过所有移动节点在相遇时不断转发数据包,最终确保数据包成功传递到目的节点。

在我们的问题中,在一个特定覆盖周期内所有选择的节点采用传染交换算法来获取全局覆盖信息。需要注意的是,所有控制表中项等于 0 的睡眠节点不参与传染交换。具体地说,每当一个选择的节点遇到其他节点,它们就立即交换彼此的覆盖表,也就是将两个局部的覆盖表合并成一个新的覆盖表。合并规则如下:如果一个新的网格单元标识符出现,则节点将其作为一个新项插入它的覆盖表中;如果一个网格单元标识符同时出现在两个节点的覆盖表中,则两个节点比较该网格单元在覆盖表中的覆盖次数,并将其较小值更新为较大值。所以,合并之后两个节点具有相同的覆盖表。当任意两个节点相遇时都执行以上过程。因此,全局覆盖信息可以在整个网络中快速地传播。同时,由于每个节点周期性地清除各自的覆盖表,所以覆盖表不会变得太大,从而不会导致太多的能量消耗用于数据转发。另外,在这样一个经常处于非连通状态的动态网络中,传染路由或者它的一些变种经常用来在节点之间传输感知数据,并最终将数据投递到汇聚节点或后端服务器。因此,我们可以完全从感知数据中抽取覆盖表。按照这种方式,将不会有额外的能量消耗用于传输覆盖表。

需要注意的是,用于传染交换的探测邻居节点的周期与执行局部控制算法的周期是相互独立的。探测邻居节点的周期越短,则覆盖信息在整个网络中传播得越快,但同时也会有更多的能量消耗用于数据传输。因此,需要设计一个自适应的邻居探测机制来达到探测丢失概率与探测频率的一个较好折中。由于该机制不是我们的关注对象,在此不作赘述,可以参考文献[5]中的讨论。

5.6 实验结果与分析

为了评估节点选择和自适应采样机制,我们分别基于人的移动轨迹数据集 KAIST[3] 和北京出租车移动轨迹数据集[6]执行仿真实验。在 KAIST 数据集中,一共有 92 条由志愿者的 GPS 设备在每 10 s 内搜集到的移动轨迹。为了消除 GPS 误差,文献[3]的作者对每 30 s 内所有 GPS 点求平均值重新得到每个人在每 30 s 的位置数据。由于这 92 条轨迹的最小持续时间为 15 150 s,所以我们使用 92 条移动轨迹在前 4 个小时(即持续时间 14 400 s)的数据进行覆盖分析和仿真验证。同时,将这些轨迹映射到一个 8 000 m×

14 000 m 的二维区域。在北京出租车移动轨迹数据集中,一共有 10 357 辆出租车在 2008 年 2 月 2 日到 2 月 8 日期间的 GPS 轨迹数据。我们选择在 6:00 到 12:00 时间段 ($T=6$ h)三环区域(约 12 500 m×12 500 m 的面积)内的数据进行覆盖分析和仿真验证。为了去除错误的 GPS 数据和方便分析,对北京数据集按以下三个步骤执行预处理操作。

步骤一:移除所有落在城市区域范围外的错误的 GPS 位置数据。

步骤二:提取从 6:00 到 12:00 期间每 30 min 内至少有一个 GPS 报告的所有出租车的移动轨迹数据,移除那些在整个时间段都保持静止的出租车的移动轨迹数据。

步骤三:通过对每 30 s 内所有 GPS 点求平均值,重新得到每个出租车在每 30 s 的位置数据;如果在某个 30 s 周期内没有任何 GPS 报告,则采用插值的方法估计其位置数据。

经过上述步骤的预处理后,最终获得北京市 2 263 辆出租车在 2 月 3 日到 2 月 7 日[①]的 6:00 点到 12:00 点期间每 30 s 的 GPS 位置数据的移动轨迹数据集。我们将该数据集划分为两部分:前三天的移动轨迹用作历史集,基于该历史集计算所有节点的覆盖贡献矩阵,并根据节点选择算法选择出一个节点集合;后两天的移动轨迹用作测试集,基于该测试集对节点选择和自适应采样机制进行评估。详细的仿真参数如表 5-1 所示。

表 5-1　仿真参数设置

参　数	取　值
仿真区域	8 000 m×14 000 m(KAIST)、12 500 m×12 500 m(北京)
时间段 T	14 400 s(KAIST)、21 600 s(北京)
覆盖周期 T_c	900 s、1 800 s、3 600 s
采样周期 T_s	30 s
网格单元大小	500 m×500 m
覆盖限制 K	1、2、3
通信范围	100 m
邻居探测周期	30 s

为了验证我们所提出的三个算法:节点选择、局部控制和传染交换,我们逐步地将其加入朴素方法中。具体地说,我们比较以下六种方法。

(1) 所有节点,无控制(AN):该方法是一个朴素方法,它既不采用节点选择算法,也不采用自适应采样算法。也就是说,只要一个节点处于一个有效覆盖的网格单元里,就使该节点在每个采样周期执行一次采样。

---

① 由于在 2 月 2 日和 2 月 8 日内没有任何一辆出租车在 6:00 到 12:00 期间的每 30 min 内有至少一个 GPS 报告,因此这两天的移动轨迹不作考虑。

（2）所有节点，局部控制（AL）：将局部控制算法加入朴素方法中。由于该方法不考虑节点选择算法，所以该方法中的局部控制算法需要做些改变，即移除控制表的功能。

（3）所有节点，自适应采样（AA）：将局部控制算法和传染交换方法均加入朴素方法中。与 AL 算法相似，需要移除控制表的功能。

（4）选择节点，无控制（SN）：将节点选择算法加入朴素方法中。也就是说，仅有选择的节点参与感知任务，但既不采用局部控制算法也不采用传染交换算法。

（5）选择节点，局部控制（SL）：将局部控制算法加入 SN 方法中，但不采用传染交换算法。

（6）选择节点，自适应采样（SA）：将局部控制算法和传染交换算法均加入 SN 方法中。明显地，该方法是我们所提出的完整方案，因而应该能在能量消耗和覆盖质量之间达到最好的折中。

性能评价的指标包括：①平均覆盖延迟，表示一个有效覆盖的网格单元平均多长时间能被覆盖一次。根据有效覆盖的定义，每个有效覆盖的网格单元的平均覆盖延迟应该不大于 T_c。②总采样数，表示所有使用的节点在所有有效覆盖的网格单元执行的采样总数。对于 AN、AL 和 AA 方法，是统计所有节点的总采样数，而对于另外三种方法，是统计选择节点的总采样数。总采样数越少，则能量消耗越少。

表 5-2 和表 5-3 显示在 T_c 和 K 取不同值情况下对于两个数据集的有效覆盖的网格单元个数。T_c 值越小，则每个有效覆盖网格单元需要越低的覆盖延迟限制，因此我们可以看到有效覆盖的网格单元个数随着 T_c 值的增加而增加。我们还可以看到，随着 T_c 值的增加，仅需要更少的节点就可以覆盖更多的网格单元。另外，K 值越大，则每个有效覆盖网格单元需要更高的覆盖次数限制，因此我们可以看到，北京的有效覆盖的网格单元个数随着 K 值的增加而减少。而对于 KAIST 数据集，尽管随着 K 值的增加，有效覆盖的网格单元个数保持不变，但需要选择更多的节点。

表 5-2　KAIST 数据集中有效覆盖的网格单元个数和选择的节点个数

参数	$T_c=900$ s			$T_c=1\,800$ s			$T_c=3\,600$ s		
	$K=1$	$K=2$	$K=3$	$K=1$	$K=2$	$K=3$	$K=1$	$K=2$	$K=3$
有效覆盖的网格单元个数	7	7	7	11	11	11	29	29	29
选择的节点个数	21	23	26	16	19	23	21	24	25

在表 5-3 中，我们比较所有节点和选择的节点在北京数据集中的测试集所获得的有效覆盖单元个数。需要说明的是，这里选择的节点是根据历史集获得，而不是根据测试集获得的。我们可以看到，所有节点获得的有效覆盖的网格单元个数的 90％ 仍然可以被

选择的节点覆盖。这表明人或车的移动轨迹总是有一定的稳定性,从而只需要部分历史轨迹即可准确地预测未来的轨迹。从其他相关文献(如文献[7,8])也可以获得相似的结论。因此,我们可以利用节点的历史移动轨迹有效地选择一个节点集合来执行未来的感知任务。

表 5-3　北京数据集中有效覆盖的网格单元个数和选择的节点个数

参数	$T_c = 900$ s			$T_c = 1\,800$ s			$T_c = 3\,600$ s		
	$K=1$	$K=2$	$K=3$	$K=1$	$K=2$	$K=3$	$K=1$	$K=2$	$K=3$
有效覆盖的网格单元个数(历史集)	307	273	249	429	363	333	566	515	465
选择的节点个数(历史集)	814	826	704	613	717	750	346	467	553
所有节点获得的有效覆盖的网格单元个数(测试集)	273	259	242	351	295	280	472	405	356
选择节点获得的有效覆盖的网格单元个数(测试集)	253	245	230	336	288	262	429	385	347

5.6.1　平均覆盖延迟

如 5.3 节显示,当 $T_c = 1\,800$ s 和 $K = 1$ 时,KAIST 数据集一共有 11 个有效覆盖的网格单元。表 5-4 显示使用不同的方法所得到的平均覆盖延迟。比较这六种方法可知,每个网格单元的平均覆盖延迟有以下关系:AN ⩽ SN < AL ⩽ AA ⩽ SL ⩽ SA,网格单元 g_{211} 除外。具体地说,对于网格单元 g_{211},使用 AA 方法获得的平均覆盖延迟仅略大于使用 SL 方法获得的平均覆盖延迟。结果显示,所提出的三个算法的每个算法都会导致覆盖延迟的增加。虽然使用 SA 方法所获得的平均覆盖延迟在这六种方法中是最大的,但其值仍然小于 $1\,800$ s,所以仍然可以满足覆盖需求。

表 5-4　KAIST 数据集中有效覆盖网格单元的平均覆盖延迟

网格单元标识符	AN	AL	AA	SN	SL	SA
146	42 s	1 036 s	1 036 s	42 s	1 683 s	1 683 s
147	31 s	553 s	847 s	351 s	1 407 s	1 563 s
160	33 s	1 578 s	1 578 s	33 s	1 578 s	1 578 s
163	29 s	262 s	582 s	29 s	873 s	998 s
164	103 s	356 s	818 s	377 s	1 160 s	1 265 s
179	30 s	182 s	742 s	129 s	1 702 s	1 702 s
180	29 s	190 s	998 s	30 s	1 050 s	1 137 s

网格单元标识符	AN	AL	AA	SN	SL	SA
181	313 s	702 s	992 s	691 s	1 513 s	1 513 s
195	29 s	194 s	789 s	30 s	1 142 s	1 142 s
196	29 s	124 s	930 s	37 s	975 s	1 516 s
211	31 s	234 s	1 263 s	43 s	1 260 s	1 732 s

图 5-4 和图 5-5 显示在 T_c 和 K 取不同值情况下使用不同方法对于两个数据集所得到的所有有效覆盖的网格单元的平均覆盖延迟的平均值。所有结果显示,六种方法的平均覆盖延迟有以下关系:AN<SN<AL<AA<SL<SA。尽管平均覆盖延迟的平均值随着 T_c 的增加而增加,但是在各种情况下其值都小于 T_c。另外,当 K 值从 1 增加到 2 或 3 时,平均覆盖延迟的平均值将分别变为之前值的一半或者三分之一。这是因为可以在执行更多采样和消耗更多能量的代价下达到更低的覆盖延迟。无论如何,实验结果说明,所有六种方法都可以满足覆盖需求。

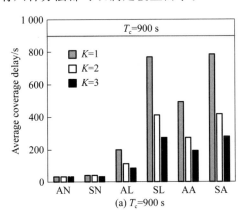

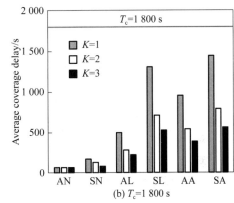

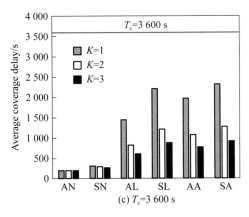

图 5-4 KAIST 数据集中有效覆盖网格单元的平均覆盖延迟

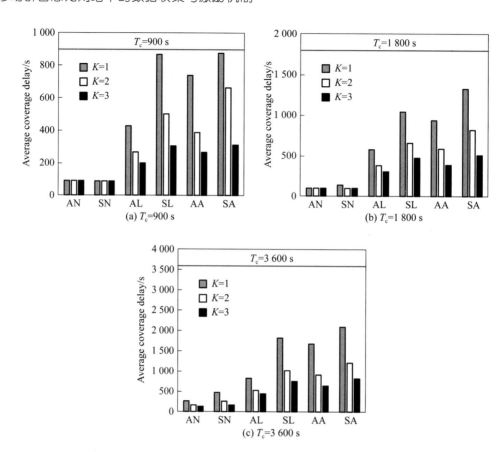

图 5-5　北京数据集中有效覆盖网格单元的平均覆盖延迟

5.6.2　总采样数

图 5-6 和图 5-7 显示在 T_c 和 K 取不同值情况下使用不同方法对于两个数据集所得到的所有有效覆盖的网格单元的总采样数。所有结果显示在各种情况下六种方法的总采样数都有以下关系：AN ＞ SN ＞ AL ＞ AA ＞ SL ＞ SA。具体地说，当 T_c＝3 600 s 和 K＝1 时，对于 KAIST 数据集，SN、SL、SA 三个方法与 AN、AL、AA 三个方法相比较，可以分别减少总采样数的 80.07％、78.21％和 63.49％，而对于北京数据集，则可以分别减少总采样数的 69.71％、69.42％和 60.83％；对于 KAIST 数据集，AL 和 SL 两个方法与 AN 和 SN 两个方法相比较可以分别减少总采样数的 97.72％和 97.50％，而对于北京数据集，则可以分别减少总采样数的 90.51％和 90.42％；对于 KAIST 数据集，AA 和 SA 两个方法与 AL 和 SL 两个方法相比较可以分别减少总采样数的 46.95％和

11.11％,而对于北京数据集,则可以分别减少总采样数的 52.88％和 39.65％。这说明我们所提出的三个算法中的每个算法都可以有效地减少总采样数。最终,使用 SA 方法的总采样数仅是朴素的 AN 方法的总采样数的很小比例;具体地说,当 K 等于 1,T_c 分别等于 900 s、1 800 s、3 600 s 时,对于 KAIST 数据集,比例分别为 0.37％、0.31％、0.44％;对于北京数据集,比例分别为 2.03％、1.87％、1.75％。

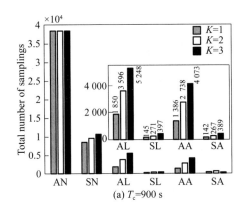
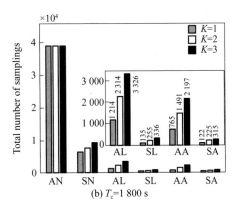

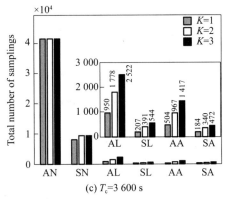

图 5-6　KAIST 数据集的总采样数

现在,我们以 $T_c=1\,800$ s 和 $K=1$ 时的情况为例分析总采样数。如 5.3 节所述,每个网格单元仅需要在每半个小时内采样一次。所以在 KAIST 数据集中 11 个有效覆盖的网格单元在 4 小时内总共只需要被采样 88 次,这是达到覆盖需求所需要的最少采样数。相似地,在北京数据集中 336 个有效覆盖的网格单元在 6 小时内总共需要最少被采样 4 032 次。从实验结果可以看到,在 KAIST 数据集和北京数据集中使用 SA 方法的总采样数分别为 122 和 5 336,都非常接近所需的最少采样数。当 T_c 等于 900 s 或 3 600 s 时,可以得到相似的实验结果。另外,当 K 值从 1 增加到 2 或 3 时,总采样数变为 2 倍或

3 倍。因此,我们可以总结,SA 方法是六种方法中能达到每个网格单元的覆盖延迟限制的最节省能量的方法。

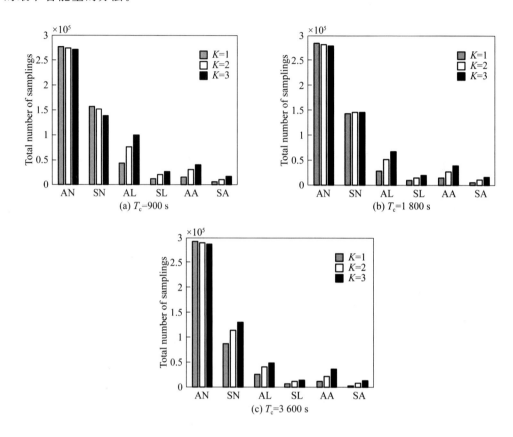

图 5-7　北京数据集的总采样数

5.7　本章小结

为了以能量有效的方式为移动群智感知网络的数据收集应用提供满意的数据收集质量,本章提出了一个协作机会感知架构。首先,我们通过对一个真实的人的移动轨迹数据集进行覆盖分析讨论了覆盖质量与能量消耗的平衡问题。然后,基于分析结果显示的节点冗余和采样冗余两个问题,我们设计了协作机会感知架构分别消除这两种冗余。其中,离线的节点选择机制可以根据给定的节点集合的历史移动轨迹,从中选择最少个数的节点子集,使其满足指定的覆盖质量需求,从而减少节点冗余;在线的节点自适应采样机制可以根据感知数据的时空相关性,自适应地决定每个节点在某个时间是否执行采样任务,从而减少采样冗余。最后,基于两个真实的移动轨迹数据集,对我们所提出的两个机制进行了仿真验证,证明其可以保证数据收集质量,降低感知能量消耗。

本章参考文献

[1] Kumar S, Lai T H, Balogh J. On k-coverage in a mostly sleeping sensor network [C]. In Proc. of ACM MobiCom, 2004: 144-158.

[2] Hefeeda M, Bagheri M. Randomized k-coverage algorithms for dense sensor networks [C]. In Proc. of IEEE INFOCOM, 2007: 2376-2380.

[3] Rhee I, Shin M, Hong S, et al. On the levy-walk nature of human mobility[C]. In Proc. of IEEE INFOCOM, 2008.

[4] Srinivasan A. Improved approximations of packing and covering problems[C]. In Proc. of ACM STOC, 1995: 268-276.

[5] Wang W, Srinivasan V, Motani M. Adaptive contact probing mechanisms for delay tolerant applications[C]. In Proc. of ACM MobiCom, 2007: 230-241.

[6] Zheng Y, Liu Y, Yuan J, et al. Urban computing with taxicabs[C]. In Proc. of ACM Ubicomp, 2011.

[7] Scellato S, Musolesi M, Mascolo C, et al. NextPlace: a spatio-temporal prediction framework for pervasive systems[C]. In Proc. of Pervasive, 2011: 152-169.

[8] Hsu W-J, Dutta D, Helmy A. CSI: a paradigm for behavior-oriented profile-cast services in mobile networks[J]. Ad Hoc Networks, 2012, 10(8): 1586-1602.

第6章
采用数据融合的协作机会传输

6.1 引　言

　　目前，移动群智感知应用大多采用基于基础设施的传输模式，即用户通过移动蜂窝网络（如 GSM、3G/4G）或接入点与互联网进行连接来上报感知数据。然而，这种传输模式不适用于网络覆盖差或缺少通信基础设施（例如，在台风、地震等灾难事件发生时通信基站会遭到严重破坏）的场景，而且会消耗用户的数据流量，并对移动蜂窝网络造成压力。为了减少对通信基础设施的依赖和降低通信开销，移动用户之间可以采用一种"弱"连接的方式，依靠移动节点之间的相互接触，采用"存储-携带-转发"的机会传输模式在间歇性连通的网络环境中传输感知数据。本章主要关注利用机会传输模式传输感知数据。

　　目前，机会传输模式已经在机会网络[1, 2]和容迟网络[3]中引起了广泛而深入的研究。传染路由（epidemic routing，ER）机制[4]及其各种变种是最早的机会传输方法，它们采用传染病扩散的思想，每当两个节点相遇时彼此交换对方携带而自己没有携带的数据包，直到数据包已经投递到目的节点为止。最近，一些相关工作提出使用手机作为"数据骡"（data mule）来机会地收集感知数据[5-8]。然而，它们都没有考虑感知数据的时空相关性特点以及对网络传输性能的影响。本章中，我们考虑将机会转发与数据融合相结合，原因有以下两点：①用户可能仅对感知数据的聚合结果（如温度或噪声的平均值）感兴趣；②在相近的时间或空间收集到的感知数据可能有很高的相关性，因而利用数据融合可以有效地减少数据冗余和网络负载。虽然在无线传感器网络的研究中已经提出了许多支持数据融合的路由协议[9]，但据我们所知，这是首次在移动机会网络中提出支持数据融合的机会转发机制。

尽管将机会转发机制与数据融合相结合的思想看起来很简单直接,但在性能建模和机制设计方面我们仍然面临一些新的挑战。一方面,之前关于机会转发机制性能建模方面的相关工作都假定所有数据包是独立传播的。然而,在采用数据融合的机会转发过程中,数据包是时空相关的,这导致一个更加复杂的传播过程。我们在本章推导了一个常微分方程模型来分析相关性数据包的扩散规律,并从理论上证明传输负载和投递延迟的上下界。我们的分析框架可以用来指导设计采用数据融合的机会转发机制,使其在各种性能指标中达到所需的折中。另一方面,二分喷射等待(binary spray-and-wait,BSW)机制[10]是一个可以有效减少传染路由机制的传输负载并且不会导致太高传输延迟的方法。但是,当考虑将 BSW 机制与数据融合相结合时,必须首先回答一个重要的问题:需要为新的融合数据包分配多少个转发令牌(每个转发令牌代表节点可以复制和转发一个数据包备份)? 为了解决该问题,我们设计了一系列规则来分配合适的转发令牌个数,并从理论上证明了传输负载和投递延迟两方面的性能改善。

本章的主要工作包括:提出了一个协作机会传输架构,通过将机会转发机制与数据融合相结合,可以显著地提高投递率,减少投递延迟和传输负载;提出了两个采用数据融合的机会转发机制:采用数据融合的传染路由(ERF)机制和采用数据融合的二分喷射等待(BSWF)机制;推导了相关性数据包的扩散规律,并从理论上证明了 ERF 机制的投递延迟与 ER 机制相同,同时可以显著地减少 ER 机制的传输负载,而 BSWF 机制可以显著地减少 BSW 机制的投递延迟和传输负载;通过大量的基于实际移动轨迹数据的仿真实验,证实了我们所提出的两种采用数据融合的协作机会转发机制的有效性。

6.2 系统模型与问题描述

假定感知区域中有 n 个携带传感器的移动节点 $U = \{u_1, u_2, \cdots, u_n\}$,其中每个节点 $u_k (k = 1, 2, \cdots, n)$ 有一个由时间序列的 GPS 点组成的移动轨迹。节点 v_k 在时间 t 的位置用 $L_k(t)$ 表示,每个节点的采样周期为 T_s。所有节点采用机会感知和机会传输的模式进行数据收集,最终将数据递交给网络中部署的一些汇聚节点或监测中心。我们的目标是以较低的投递延迟和较少的能量消耗满足特定的感知质量需求。本章中我们依旧沿用第 5 章定义的时空感知模型:在时间域上将整个时间段 T 划分为 l 个同等大小(T_p)的时间周期,即 $T=l\times T_p$,$T_s<T_p<T$;在空间域上将整个感知区域划分为 m 个同等大小的网格单元 $G=\{g_1,g_2,\cdots,g_m\}$。下面,我们分别对感知质量、投递延迟和能量消耗进行定义和说明。

定义 6.1(有效覆盖) 当某个网格单元 $g_i\in G$ 在第 $x(x=1,2,\cdots,l)$ 个时间周期内被集合 U 中所有节点覆盖的总次数不小于 $K(K\geqslant1)$ 时,即满足条件

$$\sum_{t=(x-1)Tp}^{xTp}\sum_{k=1}^{n}C_i(L_k(t))\geqslant K \tag{6-1}$$

则称该网格单元被有效覆盖。

定义 6.2(投递延迟) 对于第 $x(x=1,2,\cdots,l)$ 个时间周期内的一个有效覆盖的网格单元,我们将从本时间周期开始到该网格单元已经有 K 次采样的感知数据投递到监测中心的间隔时间定义为该网格单元的投递延迟。

如果投递延迟太大,则感知数据将会过时而变得没有意义。因此,我们对每个网格单元规定一个生存时间(Time to Live,TTL)限制。也就是说,在第 $x(x=1,2,\cdots,l)$ 个时间周期生成的所有数据包只在从本时间周期开始起的生存时间内被节点转发,一旦超过生存时间限制,数据包将不再被转发。因此,我们定义有效投递的概念如下。

定义 6.3(有效投递) 对于第 $x(x=1,2,\cdots,l)$ 个时间周期内的一个有效覆盖的网格单元,如果该网格单元有 K 个在本时间周期内采样的感知数据已经在生存时间到期之前投递到监测中心,则称该网格单元被有效投递。

系统的能量消耗涉及感知过程和传输过程两部分。为了降低采样冗余和减少感知过程的能量消耗,我们采用第 5 章介绍的自适应采样机制,在此不再赘述。传输过程的能量消耗则主要依赖于所采用的机会转发机制的传输负载,即数据包的转发次数。虽然存在许多机会转发机制,但它们都没考虑感知数据的时空相关性。事实上,对于每个有效覆盖的网格单元,在同一时间周期内至少有 K 个感知数据是时空相关的。因此,采用协作转发机制,通过在转发过程中进行数据融合,可以有效地减少传输负载,进而降低能量消耗。

6.3 协作机会传输架构

在介绍采用数据融合的协作机会传输方法前,我们首先举例说明将数据融合与机会转发机制相结合的重要性。假定在 t_1 时刻,两个节点 u_1 和 u_2 分别对同一时间周期内的

同一个网格单元进行了两次采样,获得采样值 A 和 B,表示两个具有相关性的数据包;然后它们采用机会转发机制将数据最终递交给汇聚节点;最后汇聚节点获得两个数据包的平均值。图 6-1 对采用数据融合的机会转发过程与非融合的机会转发过程进行了对比。其中,图 6-1(a)显示了非融合的机会转发过程:t_2 时刻,两个节点相遇,彼此交换感知数据,则两个节点都拥有 A 和 B 两个数据包。t_3 时刻,节点 u_2 与 Sink 节点 S 相遇,将 A 和 B 两个数据包同时投递给 S,汇聚节点 S 获得两个数据包后对两个采样值求平均值,获得其最终结果 C。这个过程中,总传输次数为 4 次。图 6-1(b)显示了采用数据融合的机会转发过程:t_2 时刻两个节点 u_1 和 u_2 交换数据后,均进行数据融合,并保存其融合结果 C,而将两个原始数据包删除;t_3 时刻节点 u_2 与汇聚节点 S 相遇,将数据包 C 投递给 S。因此,这个过程中总传输次数为 3 次,少于非融合的机会转发过程。

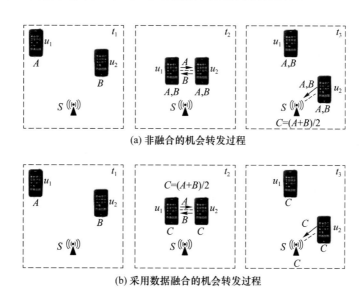

图 6-1 是否采用数据融合的机会转发过程对比示意图

现在我们介绍这两种转发机制的数据包格式。如图 6-2(a)所示,一个原始的数据包包括网格单元 ID(GID)、时间周期、生成该数据包的节点 ID(UID)、局部序列号(SEQ♯)和数据。我们考虑一个节点已经在同一时间周期同一个网格单元获得了 K 个数据采样,这些数据可能是该节点自身感知到的,也可能是从其他节点转发而来的。如果在转发过程中不采用数据融合,则该节点需要存储一个融合了 K 个数据采样(原始数据包)的数据包,如图 6-2(b)所示。

图 6-2 是否采用数据融合的数据包对比示意图

下面我们对采用数据融合的机会转发给出一个更正式的定义。

定义 6.4(采用数据融合的机会转发) 令 $X=f(x_1,x_2,\cdots,x_i)$ 和 $Y=f(y_1,y_2,\cdots,y_j)$ 分别表示已经融合了 i 个原始数据和 j 个原始数据的数据包,并且 $0 \leqslant i \leqslant j$。当携带数据包 X 的节点 u_1 与另一个携带数据包 Y 的节点 u_2 相遇时,它们使用一个融合函数 $f(X,Y)$ 来获取一个新的数据包。其转发过程服从以下三个规则:

① 如果 $X=Y$,则节点 u_1 和 u_2 均不转发任何数据;

② 如果 $X \subset Y$,则节点 u_2 转发一个数据包 Y 的备份给节点 u_1;

③ 如果 $X \nsubseteq Y$,则节点 u_1 转发一个数据包 X 的备份给节点 u_2,同时节点 u_2 也转发一个数据包 Y 的备份给节点 u_1。

为了比较数据包 X 和 Y 的关系,我们可以采用一个空间有效的数据结构,即布隆过滤器(Bloom filter)来进行成员比较,方法与文献[11]相似。每个节点使用一个布隆过滤器表示它的原始数据包的集合,其中每个二元组＜UID, SEQ ♯＞作为哈希函数的输入。通过使用此方法,仅需要传输很少量的数据。

许多融合函数可以应用于上述机制,包括求平均值、投票、求最大值/最小值等。根据上述规则,每次转发过程的传输负载最多为 2。因此,通过数据融合可以有效地控制传输负载。另外,需要说明的是,某些融合函数(如求中位数、求直方图等)不能应用于上述机制,这是因为这些融合函数需要保留所有原始数据包用于最终的计算。本章仅关注那些允许执行网内处理操作的融合函数。

6.4 采用数据融合的协作机会转发机制

下面我们介绍两种采用数据融合的协作机会转发机制,并分析它们在投递延迟和传输负载方面的性能改善。

6.4.1 采用数据融合的传染路由机制

传染路由(ER)机制在没有带宽和缓冲空间限制的理想情况下具有最小的投递延迟,可以作为一个最优的基准机制。因此,我们首先考虑将数据融合与传染路由机制相结合,称作"采用数据融合的传染路由机制(ERF)"。这种结合是非常直接的,即当任意两个节点相遇时,它们按照定义 6.4 执行采用数据融合的机会转发过程。由于之前关于 ER 机制性能建模方面的相关工作假定所有数据包是独立传播的,因此我们必须提出一个新的模型来刻画相关性数据包的扩散规律和分析数据融合对数据转发性能的影响。

单一数据包的传播过程可以建模为传染病的传播,通常使用 S-I-R 模型来分析其传播过程[12]。如果一个节点已经接收到一个数据备份,则称节点处于"传染"状态。如果一个节点还没接收到一个数据备份,但是有可能接收到其他节点的数据备份,则称节点处于"可传染"状态。我们假定所有节点在网络中独立随机移动,并且任意两个节点的接触持续时间服从指数分布。该假定已经在 random walk (RW)、random direction (RD)、random way point (RWP)等随机移动模型[13]和一些实际移动模型[14]下均得到有效验证。我们用 β 表示成对节点间的接触速率,用 $I(t)$ 表示在 t 时刻"传染"节点的个数(包括源节点)。基于常微分方程,文献[12]推导了 $I(t)$ 的表达式:

$$I(t) = \frac{N}{1+(N-1)e^{-\beta N t}} \tag{6-2}$$

令 $F(t)$ 表示网络中携带数据包备份的节点比例,相当于一个给定节点携带数据包备份的概率,可表示为如下表达式:

$$F(t) = \frac{I(t)}{N} = \frac{1}{1+(N-1)e^{-\beta N t}} \tag{6-3}$$

令 $I_i(t)$ 表示在 ER 机制下携带着 K 个原始数据包中的 i 个备份的节点个数,也相当于在 ERF 机制下携带着一个融合 K 个原始数据的数据包的节点个数。由于每个原始数据包是独立传播的,可以推出 $I_i(t)$ 的表达式:

$$I_i(t) = \binom{K}{i} F^i(t)(1 - F(t))^{K-i} N \qquad (6\text{-}4)$$

引理 6.1 假定网络中同时有 K 个来自不同节点的具有相关性的数据包。如果使用 ER 机制对这 K 个数据包进行独立传播，则在 t 时刻网络对这 K 个数据包的总传输负载为 $C(t) = KF(t)N - K$。

证明：在 t 时刻，每个数据包将有 $F(t)N$ 个数据备份。在不使用数据融合的情况下，数据包的每个备份意味着有一次数据转发，其中 K 个原始数据包除外。因此，可得到在 t 时刻网络对这 K 个数据包的总传输负载为：$C(t) = KF(t)N - K$。 □

定理 6.1 假定网络中同时有 K 个来自不同节点的具有相关性的数据包。如果使用 ERF 机制对这 K 个数据包进行传播，则在 t 时刻网络对这 K 个数据包的总传输负载 $C_f(t)$ 可以根据如下所示的常微分方程组来计算：

$$\frac{\mathrm{d}C_f(t)}{\mathrm{d}t} = \sum_{0 \leqslant i < j \leqslant K} \left(2 - \frac{\binom{j}{i}}{\binom{K}{i}} \right) I_i(t) I_j(t) \beta + \sum_{0 < i = j \leqslant K} \left(1 - \frac{1}{\binom{K}{i}} \right) I_i^2(t) \beta \qquad (6\text{-}5)$$

$$C_f(0) = 0 \qquad (6\text{-}6)$$

证明：相关工作通常使用基于常微分方程的方法来研究 ER 机制及其各种变种[12]。在此，我们对该方法进行扩展来分析 ERF 机制的传输负载。$\dfrac{\mathrm{d}C_f(t)}{\mathrm{d}t}$ 表示总传输负载的增加速率，来自两种情况：①两个不同类别的节点相遇，其中一类节点携带着融合了 i 个原始数据的数据包，而另一类节点携带着融合了 j 个原始数据的数据包，其中 $i \neq j$；②两个相同类别的节点相遇，即两个节点所携带的数据包融合了相同个数的原始数据。下面，我们针对这两种情况分别讨论。

第一种情况：在这种情况下，传输负载的增加率可以表示为

$$\frac{\mathrm{d}C_{f1}(t)}{\mathrm{d}t} = \sum_{0 \leqslant i < j \leqslant K} I_i(t) I_j(t) E[Q_{ij}] \beta \qquad (6\text{-}7)$$

其中，Q_{ij} 表示两个不同类别的节点相遇时的传输负载，$E[Q_{ij}]$ 表示它的数学期望。

令 $X = \{x_1, x_2, \cdots, x_i\}$ 和 $Y = \{y_1, y_2, \cdots, y_j\}$ 分别表示融合了 i 个原始数据和 j 个原始数据的两个数据包，其中 $0 \leqslant i < j \leqslant K$。当携带着这两个数据包的两个节点相遇时，其传输负载可以表示为

$$Q_{ij} = \begin{cases} 1 & \text{如果 } X \subset Y \\ 2 & \text{反之} \end{cases} \qquad (6\text{-}8)$$

其中,$X \subset Y$ 的概率为

$$P(X \subset Y) = \binom{j}{i} \bigg/ \binom{K}{i} \tag{6-9}$$

因此,我们可以推导出 $E[Q_{ij}]$ 的表达式:

$$E[Q_{ij}] = 1 \times P(X \subset Y) + 2 \times (1 - P(X \subset Y))$$
$$= 2 - \binom{j}{i} \bigg/ \binom{K}{i} \tag{6-10}$$

第二种情况:在这种情况下,我们将携带着融合了 i 个原始数据的数据包的节点分为 $\binom{K}{i}$ 个类别,其中同一类别的节点携带的数据包融合的原始数据完全相同,而不同类别的节点携带的数据包融合的原始数据不同。每个类别包含 $I_i(t) \big/ \binom{K}{i}$ 个节点。当两个相同类别的节点相遇时,由于它们包含的数据完全相同,因此不需要转发任何数据;当两个不同类别的节点相遇时,由于它们包含的数据不同,因此需要相互转发各自的数据给对方,则传输负载为 2。由于一共有 $\binom{\binom{K}{i}}{2}$ 种情况会出现两个不同类别的节点相遇,因此传输负载的增加率可以表达为

$$\frac{\mathrm{d}C_{f2}(t)}{\mathrm{d}t} = \sum_{0<i=j\leqslant K} \binom{\binom{K}{i}}{2} \left[\frac{I_i(t)}{\binom{K}{i}} \right]^2 \times 2\beta$$
$$= \sum_{0<i=j\leqslant K} \left[1 - \frac{1}{\binom{K}{i}} \right] I_i^2(t)\beta \tag{6-11}$$

联合以上两种情况,我们可以得到总传输负载的增加速率:

$$\frac{\mathrm{d}C_f(t)}{\mathrm{d}t} = \frac{\mathrm{d}C_{f1}(t)}{\mathrm{d}t} + \frac{\mathrm{d}C_{f2}(t)}{\mathrm{d}t} \tag{6-12}$$

因此,我们可以推导出常微分方程(6-5)的表达式。初始条件(6-6)表明网络初始时刻的传输负载为零。$\square$

尽管上述结果可以准确地预测 ERF 机制的传输负载,但并不是一个解析解的形式,使得我们很难从理论上去直接比较 ERF 机制和 ER 机制。由于这个原因,我们进一步推

导了可用解析解表示的 ERF 机制传输负载的上界和下界,如定理 6.2 所示。

定理 6.2 假定网络中同时有 K 个来自不同节点的具有相关性的数据包。如果使用 ERF 机制对这 K 个数据包进行传播,则在 t 时刻网络对这 K 个数据包的总传输负载 $C_f(t)$ 的上界和下界为

$$(1-(1-F(t))^K)N-K \leqslant C_f(t) \leqslant KF(t)N-K \tag{6-13}$$

证明: 假定一个节点携带着融合了 i 个原始数据的数据包 $X=\{x_1, x_2, \cdots, x_i\}$,我们考虑以下两种极端情况:①该节点直接从另外一个节点接收了数据包 X,则它仅需要一次转发;②该节点每次仅从别的节点接收一个单一的原始数据包,则它一共需要 i 次转发才能通过不断融合获得数据包 X。因此,我们可以推导出:

$$\sum_{i=1}^{K} I_i(t)-K \leqslant C_f(t) \leqslant \sum_{i=1}^{K} iI_i(t)-K \tag{6-14}$$

根据二项式定理和式(6-4)可知,

$$\sum_{i=1}^{K} I_i(t) = \sum_{i=0}^{K} I_i(t)-I_0(t) = N-I_0(t) = (1-(1-F(t))^K)N \tag{6-15}$$

联合式(6-4)、式(6-14)和式(6-15)可以获得 $C_f(t)$ 的上下界。 □

定理 6.2 表明 ERF 机制的传输负载小于或等于 ER 机制的传输负载。接下来,我们分析这两种机制的投递延迟。既然我们考虑网络中有 K 个原始数据包传播的场景,我们将投递延迟定义为所有 K 个原始数据包被投递到监测中心的时间间隔。

定理 6.3 ERF 机制的投递延迟期望与 ER 机制相等。

证明: 由定义 6.4 可知,在每次数据转发过程中,数据融合既不能增加也不能减少每个原始数据包的传播速度,因而也不会对投递延迟造成任何影响。 □

为了更清楚地理解上述理论分析,我们接下来以上一节所引入的 $K=2$ 的情况为特例做进一步的详细分析。考虑图 6-1 中的例子,假定网络中有两个相关的数据包 A 和 B,表示同一时间周期同一网格单元内两个不同节点的采样数据。当一个携带数据包 A 的节点与另一个携带数据包 B 的节点相遇时,这两个节点都将两个数据包融合为一个新的数据包 C(例如,求平均值)。令 $I_A(t)$ 和 $I_B(t)$ 表示仅携带着数据包 A 或 B 的一个备份的节点个数,$I_C(t)$ 表示携带着一个融合数据包 C 的节点个数,$I_0(t)$ 表示不携带数据包 A、B 或 C 的任何一个备份的节点个数。那么,有

$$I_A(t) = I_B(t) = \frac{1}{2}I_1(t) = F(t)(1-F(t))N \tag{6-16}$$

$$I_C(t) = I_2(t) = F^2(t)N \tag{6-17}$$

$$I_0(t) = (1-F(t))^2 N \tag{6-18}$$

根据定理 6-1 可知

$$\frac{\mathrm{d}C_{\mathrm{f}}(t)}{\mathrm{d}t} = F(t)(1-F(t))(F^2(t)-F(t)+2)N^2\beta \tag{6-19}$$

现在,使用马尔可夫链来推导 $C(t)$ 和 $C_{\mathrm{f}}(t)$ 的表达式以及它们之间的关系,该方法更为直接。对于 ER 机制,将所有节点分类为四个状态:A、B、$A\&B$ 和 0,其中仅携带 A 或 B 的一个备份的节点处于状态 A 或 B,同时携带 A 和 B 的备份的节点处于状态 $A\&B$,而不携带 A 或 B 的任何备份的节点处于状态 0。相似地,对于 ERF 机制,所有节点也可分类为四个状态:A、B、C 和 0。令符号"$\wedge$"表示当两个节点相遇时各种状态的转移规则。表 6-1 和表 6-2 分别列出了在 ER 机制和 ERF 机制下的所有转移规则,其中括号中的数字表示状态转移时对应的传输负载。

表 6-1　ER 机制下各种状态的转移规则

$\wedge$	0	A	B	$A\&B$
0	$0(0)$	$A(1)$	$B(1)$	$A\&B(2)$
A	$A(1)$	$A(0)$	$A\&B(2)$	$A\&B(1)$
B	$B(1)$	$A\&B(2)$	$B(0)$	$A\&B(1)$
$A\&B$	$A\&B(2)$	$A\&B(1)$	$A\&B(1)$	$A\&B(0)$

表 6-2　ERF 机制下各种状态的转移规则

$\wedge$	0	A	B	C
0	$0(0)$	$A(1)$	$B(1)$	$C(1)$
A	$A(1)$	$A(0)$	$C(2)$	$C(1)$
B	$B(1)$	$C(2)$	$B(0)$	$C(1)$
C	$C(2)$	$C(1)$	$C(1)$	$C(0)$

根据表 6-1 和表 6-2 可知,

$$\begin{aligned}
\frac{\mathrm{d}C(t)}{\mathrm{d}t} &= I_0(t)I_A(t)\beta + I_0(t)I_B(t)\beta + 2I_0(t)I_{AB}(t)\beta + \\
&\quad 2I_A(t)I_B(t)\beta + I_A(t)I_{AB}(t)\beta + I_B(t)I_{AB}(t)\beta \\
&= 2F(t)(1-F(t))N^2\beta
\end{aligned} \tag{6-20}$$

$$\begin{aligned}
\frac{\mathrm{d}C_{\mathrm{f}}(t)}{\mathrm{d}t} &= I_0(t)I_A(t)\beta + I_0(t)I_B(t)\beta + I_0(t)I_C(t)\beta + \\
&\quad 2I_A(t)I_B(t)\beta + I_A(t)I_C(t)\beta + I_B(t)I_C(t)\beta \\
&= F(t)(1-F(t))(F^2(t)-F(t)+2)N^2\beta
\end{aligned} \tag{6-21}$$

上式 $\dfrac{\mathrm{d}C_f(t)}{\mathrm{d}t}$ 的结果与定理 6.1 所示的表达式(6-19)相一致。

由式(6-20)和式(6-21)可推导出 $C(t)$ 和 $C_f(t)$ 之间的关系：

$$C_f(t) = C(t) - \int F^2(t)(1-F(t))^2 N^2 \beta \mathrm{d}t \tag{6-22}$$

下面，我们进行仿真实验来验证 ER 机制和 ERF 机制的传输负载。其中，仿真区域大小为 600×600，节点个数为 $N = 40$，$K = 2$，所有节点根据 RWP 模型进行移动。如图 6-3 所示，比较了两种机制的传输负载，并与式(6-20)和式(6-21)所示的理论结果相比较。可以观察到，理论结果与仿真结果非常匹配，从而验证了我们的分析模型的正确性。

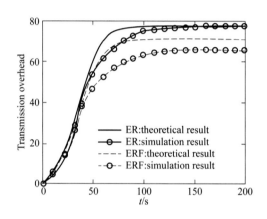

图 6-3　ER 机制和 ERF 机制的总传输负载的理论结果与仿真结果比较

6.4.2　采用数据融合的二分喷射等待机制

喷射等待(spray-and-wait)机制[10]是一个可以有效减少 ER 机制的传输负载并且不会导致太高传输延迟的方法，其基本原理是：源节点仅使用采用传染的机制将很少量的数据包备份复制给不同的中继节点(喷射阶段)，然后每个中继节点执行"直接传输"，即仅将数据包转发给目的节点(等待阶段)。在各种喷射策略中，二分喷射(binary spraying)已被证明在节点独立同分布移动的情况下是最优的[10]。下面，我们对二分喷射等待机制给出一个正式的定义。

定义 6.5 (二分喷射等待(BSW)机制)　当源节点产生一个新的数据包时，该节点同时为这个数据包创建 $L > 1$ 个"转发令牌"，其中每个转发令牌代表节点可以复制和转发一个数据包备份。数据转发过程包含以下两个阶段。

- 二分喷射阶段：如果一个节点(可能是源节点或中继节点)携带了一个数据包备份

以及该数据包的 $l > 1$ 个转发令牌,当它与一个没有携带该数据包备份的节点相遇时,它复制和转发该数据包的一个备份给这个节点,同时将 $\lfloor l/2 \rfloor$ 个转发令牌递交给这个节点,而自己保留剩余的 $\lceil l/2 \rceil$ 个转发令牌。

- 等待阶段:如果一个节点携带一个数据包的备份以及该数据包的 $l = 1$ 个转发令牌,则它仅在与目的节点相遇时,亲自将该数据包转发给目的节点。

当考虑将 BSW 机制与数据融合相结合时,必须首先回答一个重要的问题:需要为新的融合数据包分配多少个转发令牌? 与基于传染的转发机制相比,BSW 机制可以在增加投递延迟的代价下减少传输负载。因此,从意愿上我们更希望通过将 BSW 机制与数据融合相结合来减少投递延迟,同时又不增加 BSW 机制的传输负载。根据这个准则,我们设计合理的转发规则来为节点分配合适的转发令牌个数,具体定义如下。

定义 6.6(采用数据融合的二分喷射等待(BSWF)机制)　令 $X = f(x_1, x_2, \cdots, x_i)$ 和 $Y = f(y_1, y_2, \cdots, y_j)$ 分别表示已经融合了 i 个原始数据和 j 个原始数据的数据包,并且 $0 \leqslant i \leqslant j$。假定节点 u_1 携带了一个数据包 X 的备份以及该数据包的 $l_1 \geqslant 0$ 个转发令牌,节点 u_2 携带了一个数据包 Y 的备份以及该数据包的 $l_2 \geqslant 0$ 个转发令牌。当节点 u_1 和 u_2 相遇时,它们基于数据包 X 和 Y 的关系以及各自备份的个数,并根据表 6-3 所示的规则转发数据。

表 6-3　BSWF 机制的数据转发规则

规　则	条　件	操　作
（Ⅰ）	$X \subset Y$ $l_2 > 1$	u_2 复制和转发 Y 的一个备份给 u_1;u_1 和 u_2 分别保留新的融合数据包 $Z = f(X, Y) = Y$ 的 $\lfloor (l_1+l_2)/2 \rfloor$ 和 $\lceil (l_1+l_2)/2 \rceil$ 个转发令牌
（Ⅱ-Ⅰ）	$X \not\subset Y, X \cap Y \neq \varnothing$, $l_1 > 1, l_2 > 1$	$u_1(u_2)$ 复制和转发 $X(Y)$ 的一个备份给 $u_2(u_1)$;u_1 和 u_2 分别保留新的融合数据包 $Z = f(X, Y)$ 的 $\lfloor (l_1+l_2)/2 \rfloor$ 和 $\lceil (l_1+l_2)/2 \rceil$ 个转发令牌
（Ⅱ-Ⅱ）	$X \not\subset Y, X \cap Y \neq \varnothing$, $l_1 = 1, l_2 > 1$	u_2 复制和转发 Y 的一个备份给 u_1;u_1 保留新的融合数据包 $Z = f(X, Y)$ 的 $\lfloor (1+l_2)/2 \rfloor$ 个转发令牌,u_2 保留 Y 的 $\lceil (1+l_2)/2 \rceil$ 个转发令牌
（Ⅱ-Ⅲ）	$X \not\subset Y, X \cap Y \neq \varnothing$, $l_1 > 1, l_2 = 1$	u_1 复制和转发 X 的一个备份给 u_2;u_2 保留新的融合数据包 $Z = f(X, Y)$ 的 $\lfloor (l_1+1)/2 \rfloor$ 个转发令牌,u_1 保留 X 的 $\lceil (l_1+1)/2 \rceil$ 个转发令牌
（Ⅲ-Ⅰ）	$X \not\subset Y, X \cap Y = \varnothing$, $l_1 > 1, l_2 > 1$	$u_1(u_2)$ 复制和转发 $X(Y)$ 的一个备份给 $u_2(u_1)$;u_1 和 u_2 分别保留新的融合数据包 $Z = f(X, Y)$ 的 $\lfloor \max(l_1, l_2)/2 \rfloor$ 和 $\lceil \max(l_1, l_2)/2 \rceil$ 个转发令牌
（Ⅲ-Ⅱ）	$X \not\subset Y, X \cap Y = \varnothing$, $l_1 = 1, l_2 > 1$	u_2 复制和转发 Y 的一个备份给 u_1;u_1 保留新的融合数据包 $Z = f(X, Y)$ 的 $\lfloor l_2/2 \rfloor$ 个转发令牌,u_2 保留 Y 的 $\lceil l_2/2 \rceil$ 个转发令牌
（Ⅲ-Ⅲ）	$X \not\subset Y, X \cap Y = \varnothing$, $l_1 > 1, l_2 = 1$	u_1 复制和转发 X 的一个备份给 u_2;u_2 保留新的融合数据包 $Z = f(X, Y)$ 的 $\lfloor l_1/2 \rfloor$ 个转发令牌,u_1 保留 X 的 $\lceil l_1/2 \rceil$ 个转发令牌
（Ⅳ）	其他规则均不适用	u_1 和 u_2 均不转发任何数据包给对方,也不转交任何转发令牌

在上述定义中,仅当 $i=0$ 或 $j=0$ 时有 $l_1=0$ 或 $l_2=0$;否则有 $l_1 \geqslant 1$ 和 $l_2 \geqslant 1$。为了便于比较 BSW 和 BSWF 机制的投递延迟和传输负载,我们考虑 K 个原始数据包在网络中独立传播的场景,并使用定义 6.5 的一个变种来描述非融合的 BSW 机制。

定义 6.7(非融合的 BSW 机制(定义 6.5 的变种)) 令 $X=\{x_1,x_2,\cdots,x_i\}$ 和 $Y=\{y_1,y_2,\cdots,y_j\}$ 表示两个原始数据包的集合,并且 $0 \leqslant i \leqslant j$。假定节点 u_1 携带了一个数据包集合 X 以及 X 中每个原始数据包的 $l_1 \geqslant 0$ 个转发令牌,节点 u_2 携带了一个数据包集合 Y 以及 Y 中每个原始数据包的 $l_2 \geqslant 0$ 个转发令牌。当节点 u_1 和 u_2 相遇时,它们基于 X 和 Y 的关系以及各自备份的个数,并根据表 6-4 所示的规则转发数据。

表 6-4 BSW 机制的数据转发规则

规 则	条 件	操 作
(Ⅰ)	$X \subset Y$ $l_2 > 1$	u_2 复制和转发 $Y-X$ 中每个数据包的一个备份给 u_1;u_1 转交 $Y-X$ 中每个数据包的 $\lfloor l_2/2 \rfloor$ 个转发令牌给 u_2,并保留剩余的 $\lceil l_2/2 \rceil$ 个
(Ⅱ-Ⅰ)	$X \nsubseteq Y$, $X \cap Y \neq \varnothing$, $l_1 > 1$, $l_2 > 1$	u_1 复制和转发 $X-X \cap Y$ 中每个数据包的一个备份给 u_2,u_2 复制和转发 $Y-X \cap Y$ 中每个数据包的一个备份给 u_1;u_1 转交 $X-X \cap Y$ 中每个数据包的 $\lfloor l_1/2 \rfloor$ 个转发令牌给 u_2,并保留剩余的 $\lceil l_1/2 \rceil$ 个;u_2 转交 $Y-X \cap Y$ 中每个数据包的 $\lfloor l_2/2 \rfloor$ 个转发令牌给 u_1,并保留剩余的 $\lceil l_2/2 \rceil$ 个
(Ⅱ-Ⅱ)	$X \nsubseteq Y$, $X \cap Y \neq \varnothing$, $l_1 = 1$, $l_2 > 1$	u_2 复制和转发 $Y-X \cap Y$ 中每个数据包的一个备份给 u_1;u_2 转交 $Y-X \cap Y$ 中每个数据包的 $\lfloor l_2/2 \rfloor$ 个转发令牌给 u_1,并保留剩余的 $\lceil l_2/2 \rceil$ 个
(Ⅱ-Ⅲ)	$X \nsubseteq Y$, $X \cap Y \neq \varnothing$, $l_1 > 1$, $l_2 = 1$	u_1 复制和转发 $X-X \cap Y$ 中每个数据包的一个备份给 u_2;u_1 转交 $X-X \cap Y$ 中每个数据包的 $\lfloor l_1/2 \rfloor$ 个转发令牌给 u_2,并保留剩余的 $\lceil l_1/2 \rceil$ 个
(Ⅲ-Ⅰ)	$X \nsubseteq Y$, $X \cap Y = \varnothing$, $l_1 > 1$, $l_2 > 1$	u_1 复制和转发 X 中每个数据包的一个备份给 u_2,u_2 复制和转发 Y 中每个数据包的一个备份给 u_1;u_1 转交 X 中每个数据包的 $\lfloor l_1/2 \rfloor$ 个转发令牌给 u_2,并保留剩余的 $\lceil l_1/2 \rceil$ 个;u_2 转交 Y 中数据包的 $\lfloor l_2/2 \rfloor$ 个转发令牌给 u_1,并保留剩余的 $\lceil l_2/2 \rceil$ 个
(Ⅲ-Ⅱ)	$X \nsubseteq Y$, $X \cap Y = \varnothing$, $l_1 = 1$, $l_2 > 1$	u_2 复制和转发 Y 中每个数据包的一个备份给 u_1;u_2 转交 Y 中每个数据包的 $\lfloor l_2/2 \rfloor$ 个转发令牌给 u_1,并保留剩余的 $\lceil l_2/2 \rceil$ 个
(Ⅲ-Ⅲ)	$X \nsubseteq Y$, $X \cap Y = \varnothing$, $l_1 > 1$, $l_2 = 1$	u_1 复制和转发 X 中每个数据包的一个备份给 u_2;u_1 转交 X 中每个数据包的 $\lfloor l_1/2 \rfloor$ 个转发令牌给 u_2,并保留剩余的 $\lceil l_1/2 \rceil$ 个
(Ⅳ)	其他规则均不适用	u_1 和 u_2 均不转发任何数据包给对方,也不转交任何转发令牌

根据定义 6.6 和定义 6.7，表 6-5 分别列出了 BSW 机制和 BSWF 机制在各种规则下节点 u_1 和 u_2 相遇并执行数据转发后所携带的数据包及其转发令牌个数。由于节点 u_1 和 u_2 在规则（Ⅳ）下均保持不变，所以不在表中列出。另外，我们还列出了两种机制的传输负载，包括当前负载和潜在负载两部分。当前负载表示当前转发过程中所需要的转发次数，例如，BSW 机制在规则（Ⅰ）下节点 u_2 转发 $Y-X$ 中每个数据包的一个备份给节点 u_1，所以当前传输负载为 $\|Y-X\|$[①]；相比之下，BSW 机制在规则（Ⅰ）下节点 u_2 仅转发新的融合数据包 Y 的一个备份给节点 u_1，所以当前传输负载仅为 1。潜在负载表示一个节点根据它所拥有的转发令牌个数所需要复制和转发给别的中继节点的额外的数据包备份个数，除非该节点仅有一个转发令牌或者遇到目的节点，例如，BSW 机制在规则（Ⅰ）下节点 u_1 需要复制和转发 X 中每个数据包的 l_1-1 个备份，以及 $Y-X$ 中每个数据包的 $\lfloor l_2/2 \rfloor -1$ 个备份给别的中继节点，而 u_2 需要复制和转发 X 中每个数据包的 l_2-1 个备份，以及 $Y-X$ 中每个数据包的 $\lceil l_2/2 \rceil -1$ 个备份给别的中继节点，所以潜在传输负载为 $(l_1+l_2-2)\|X\|+(l_2-2)\|Y-X\|$；相比之下，BSWF 机制在规则（Ⅰ）下节点 u_1 需要复制和转发 Z 的 $\lfloor (l_1+l_2)/2 \rfloor -1$ 个备份给别的中继节点，而 u_2 需要复制和转发 Z 的 $\lceil (l_1+l_2)/2 \rceil -1$ 个备份给别的中继节点，所以潜在传输负载为 l_1+l_2-2。

表 6-5 BSW 机制和 BSWF 机制的比较

规则	机制	数据包（转发令牌个数）		当前负载	潜在负载
		u_1	u_2		
（Ⅰ）	BSW	$X(l_1), Y-X(\lfloor l_2/2 \rfloor)$	$X(l_2),$ $Y-X(\lceil l_2/2 \rceil)$	$\|Y-X\|$	$(l_1+l_2-2)\|X\|+$ $(l_2-2)\|Y-X\|$
	BSWF	$Z(\lfloor (l_1+l_2)/2 \rfloor)$	$Z(\lceil (l_1+l_2)/2 \rceil)$	1	l_1+l_2-2
（Ⅱ-Ⅰ）	BSW	$X \cap Y(l_1),$ $X-X \cap Y(\lceil l_1/2 \rceil)$	$X \cap Y(l_2),$ $X-X \cap Y(\lfloor l_1/2 \rfloor),$ $Y-X \cap Y(\lceil l_2/2 \rceil)$	$\|X\|+\|Y\|$ $-2\|X \cap Y\|$	$(l_1+l_2-2)\|X \cap Y\|+$ $(l_1-2)\|X-X \cap Y\|+$ $(l_2-2)\|Y-X \cap Y\|$
	BSWF	$Z(\lfloor (l_1+l_2)/2 \rfloor)$	$Z(\lceil (l_1+l_2)/2 \rceil)$	2	l_1+l_2-2
（Ⅱ-Ⅱ）	BSW	$X(1),$ $Y-X \cap Y(\lfloor l_2/2 \rfloor)$	$X \cap Y(l_2)$ $Y-X \cap Y(\lceil l_2/2 \rceil)$	$\|Y-X \cap Y\|$	$(l_2-1)\|X \cap Y\|+$ $(l_2-2)\|Y-X \cap Y\|$
	BSWF	$Z(\lfloor (1+l_2)/2 \rfloor)$	$Y(\lceil (1+L_2)/2 \rceil)$	1	L_2-1

---

① $\|\cdot\|$ 表示一个集合的势，即集合中原始数据包的个数。

规则	机制	数据包(转发令牌个数)		当前负载	潜在负载
		u_1	u_2		
(Ⅱ-Ⅲ)	BSW	$X \cap Y(l_1)$, $X - X \cap Y(\lceil l_2/2 \rceil)$	$Y(1)$, $X - X \cap Y(\lfloor l_1/2 \rfloor)$	$\| X - X \cap Y \|$	$(l_1 - 1) \| X \cap Y \| +$ $(l_1 - 2) \| X - X \cap Y \|$
	BSWF	$X(\lceil (l_1+1)/2 \rceil)$	$Z(\lfloor (l_1+1)/2 \rfloor)$	1	$l_1 - 1$
(Ⅲ-Ⅰ)	BSW	$X(\lceil l_1/2 \rceil)$, $Y(\lfloor l_2/2 \rfloor)$	$X(\lfloor l_1/2 \rfloor)$, $Y(\lceil l_2/2 \rceil)$	$\| X \| + \| Y \|$	$(l-2) \| X \| +$ $(l_2 - 2) \| Y \|$
	BSWF	$Z(\lfloor \max(l_1, l_2)/2 \rfloor)$	$Z(\lceil \max(l_1, l_2)/2 \rceil)$	2	$\max(l_1, l_2) - 2$
(Ⅲ-Ⅱ)	BSW	$X(1), Y(\lfloor l_2/2 \rfloor)$	$Y(\lceil l_2/2 \rceil)$	$\| Y \|$	$(l_2 - 2) \| Y \|$
	BSWF	$Z(\lfloor l_2/2 \rfloor)$	$Y(\lceil (l_2/2) \rceil)$	1	$l_2 - 2$
(Ⅲ-Ⅲ)	BSW	$X(\lceil l_1/2 \rceil)$	$X(\lfloor l_1/2 \rfloor), Y(1)$	$\| X \|$	$(l_1 - 2) \| X \|$
	BSWF	$X(\lceil l_1/2 \rceil)$	$Z(\lfloor l_1/2 \rfloor)$	1	$l_1 - 2$

定理 6.4 BSWF 机制的传输负载小于或等于 BSW 机制的传输负载。

证明:由表 6-5 可知,在每条规则下 BSWF 机制的当前负载和潜在负载都小于或等于 BSW 机制。因此,BSW 机制的总传输负载小于或等于 BSW 机制的总传输负载。 □

定理 6.5 BSWF 机制的投递延迟期望小于 BSW 机制的投递延迟期望。

证明:由表 6-5 可知,数据融合可以增加原始数据包的传播速度。以规则(Ⅰ)为例进行分析:如果使用 BSW 机制,节点 u_1 和 u_2 将合计拥有 X 中每个原始数据包的 $l_1 + l_2$ 个转发令牌,以及 $Y - X$ 中每个数据包的 l_2 个转发令牌;相比之下,如果使用 BSWF 机制,节点 u_1 和 u_2 将合计拥有融合数据包 $Z = f(X, Y) = Y$ 的 $l_1 + l_2$ 个转发令牌,从本质上讲,这意味着节点 u_1 和 u_2 将合计拥有 X 和 $Y - X$ 中每个原始数据包的 $l_1 + l_2$ 个转发令牌,也就是说,如果 $l_1 > 0$,则 $Y - X$ 中每个原始数据包的传播速度将被增加,仅当 $l_1 = 0$ 时传播速度保持不变。对于别的规则,相同的结论仍然成立。因此,BSWF 机制的投递延迟期望小于 BSW 机制的投递延迟期望。 □

接下来,我们进行仿真实验来验证 BSW 机制和 BSWF 机制的传输负载和投递延迟。其中,仿真区域大小为 600×600,节点个数为 $N = 40, K = 10, L = 5$,所有节点根据 RWP 模型进行移动,一个静止的汇聚节点放置在仿真区域的中心,所有结果通过 1 000 次的仿真求得平均值。如图 6-4 所示,我们比较了两种机制的传输负载随时间的变化情况。可以观察到,BSW 机制的传输负载小于 $K \times L = 50$,而 BSWF 机制的传输负载在 $t = 800$ s 时比 BSW 机制小 7.74%。如图 6-5 所示,我们比较了两种机制的投递延迟的互补累积分布函数(CCDF)。可以观察到,BSWF 机制的投递延迟总是小于 BSW 机制。具体地说,BSWF 机制的平均投递延迟是 192.05 s,仅仅是 BSW 机制的 10.71%。

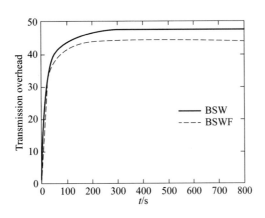

图 6-4 BSW 机制和 BSWF 机制的传输负载仿真结果比较

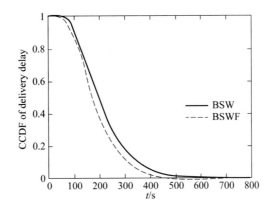

图 6-5 BSW 机制和 BSWF 机制的投递延迟仿真结果比较

6.5 实验结果与分析

为了评估所提出的机会转发机制,我们基于人的移动轨迹数据集 KAIST[15]进行仿真实验。具体地,我们使用 92 条移动轨迹在前四个小时(即持续时间 14 400 s)的数据,并将这些轨迹映射到一个 8 000 m×14 000 m 的二维区域。我们将整个感知区域划分为 200 m×200 m 的网格单元集合,并在感知区域的中心放置一个汇聚节点。时间周期和采样周期分别设置为 $T_p = 1\,800$ s 和 $T_s = 30$ s。分别对每个有效覆盖的网格单元设置五个不同的覆盖限制,即 $K = 1\sim5$。每个节点的通信半径设置为 70 m,与文献[5,6,8]的设置保持一致。每个网格单元的 TTL 限制设置为 3 600 s。

下面我们依次比较和评估四个机会转发机制的三个性能指标。

(1) 有效投递网格单元的平均个数:表示在一个时间周期内平均有多少个有效覆盖的网格单元可以被有效投递。图 6-6(a)比较取不同的 K 值时四个转发机制的仿真结果。可以观察到,对于每个转发机制,有效投递的网格单元个数都随着 K 值的增加而减少。ER 机制和 ERF 机制有最多的有效投递网格单元个数,这与我们的期望一致。一般来说,BSWF 机制比 BSW 机制有更多的有效投递网格单元个数。特别地,当 K 等于 5 时,BSWF 机制的投递率与 BSW 机制相比可以增加 16%。

(2) 平均投递延迟:图 6-6(b)比较使用不同转发机制时每个有效投递的网格单元的平均投递延迟。可以观察到,ER 机制和 ERF 机制有最低的投递延迟,这与我们的期望一致。一般来说,由于使用数据融合,BSWF 机制比 BSW 机制有更低的投递延迟。特别地,当 K 等于 5 时,BSWF 机制的平均投递延迟与 BSW 机制相比可以减少 5%。

(3) 平均传输负载:图 6-6(c)比较使用不同转发机制时每个有效投递的网格单元的平均传输负载。可以观察到,ER 机制有最高的传输负载。一般来说,由于使用数据融合,ERF 机制和 BSWF 机制分别与 ER 机制和 BSW 机制相比可以达到更低的传输负载。特别地,当 K 等于 5 时,ERF 机制和 BSWF 机制的平均传输负载分别与 ER 机制和 BSW 机制相比可以减少 78% 和 32%。另外,ER 机制的传输负载与 K 值呈线性递增趋势。相比之下,其他三个转发机制的传输负载随 K 值的增加而增长的速度很慢。

总之,上述三方面的仿真结果表明:①ERF 机制可以显著减少 ER 机制的传输负载而保持相同的投递率和投递延迟;②BSWF 机制可以增加 BSW 机制的投递率,并且减少投递延迟和传输负载;③通过将数据融合与机会转发机制相结合,ERF 机制和 BSWF 机制可以在投递率、投递延迟和传输负载各个性能指标之间达到很好的折中。

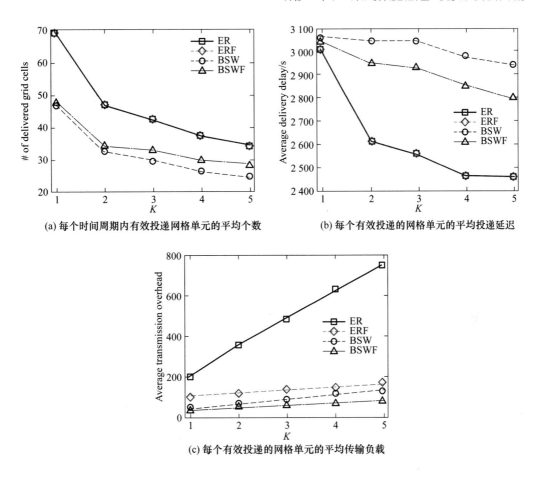

(a) 每个时间周期内有效投递网格单元的平均个数　　(b) 每个有效投递的网格单元的平均投递延迟

(c) 每个有效投递的网格单元的平均传输负载

图 6-6　四个转发机制的性能比较

6.6　本章小结

　　本章提出了一个协作机会传输架构,通过将机会转发机制与数据融合相结合达到提高投递率、减少投递延迟和传输负载的目标。基于该框架,我们提出了两个采用数据融合的机会转发机制:采用数据融合的传染路由(ERF)机制和采用数据融合的二分喷射等待(BSWF)机制;在考虑 ERF 机制时,我们推导了相关性数据包的扩散规律,根据该规律可以从理论上证明 ERF 机制在投递延迟和传输负载方面的性能提高,也可以用于指导将其他传染路由机制的变种与数据融合相结合,并分析它们的传输性能。在考虑 BSWF机制时,我们设计了新的转发规则,并通过与 BSW 机制的转发规则进行对比,从理论上证明了 BSWF 机制相对于 BSW 机制的性能改善。最后,通过大量的基于实际移动轨迹数据的仿真实验对我们所提出的两种采用数据融合的协作机会转发机制进行了验证。

本章参考文献

[1] Pelusi L, Passarella A, Conti M. Opportunistic networking: data forwarding in disconnected mobile ad hoc networks[J]. IEEE Communications Magazine, 2006, 44(11):134-141.

[2] 熊永平, 孙利民, 牛建伟, 等. 机会网络[J]. 软件学报, 2009, 20(1): 124-137.

[3] Zhang Z. Routing in intermittently connected mobile ad hoc networks and delay tolerant networks: overview and challenges[J]. IEEE Communications Surveys & Tutorials, 2006, 8(1): 24-37.

[4] Vahdat A, Becker D. Epidemic routing for partially-connected ad hoc networks [R]. Technical Report CS-200006, Duke University, 2000.

[5] Ngai E, Srivastava M, Liu J. Context-aware sensor data dissemination for mobile users in remote areas[C]. In Proc. of IEEE INFOCOM, 2012: 2711-2715.

[6] Ngai E-H, Huang H, Liu J, et al. OppSense: information sharing for mobile phones in sensing field with data repositories[C]. In Proc. of IEEE SECON, 2011: 107-115.

[7] Uddin M Y S, Wang H, Saremi F, et al. Photonet: a similarity-aware picture delivery service for situation awareness[C]. In Proc. of IEEE RTSS, 2011: 317-326.

[8] Park U, Heidemann J. Data muling with mobile phones for sensornets[C]. In Proc. of ACM SenSys, 2011: 162-175.

[9] Luo H, Liu Y, Das S. Routing correlated data in wireless sensor networks: a survey[J]. IEEE Network, 2007, 21(6): 40-47.

[10] Spyropoulos T, Psounis K, Raghavendra C. Efficient routing in intermittently connected mobile networks: the multiple-copy case[J]. IEEE/ACM Transactions on Networking, 2008, 16(1): 77-90.

[11] Lee U, Magistretti E, Gerla M, et al. Dissemination and harvesting of urban

data using vehicular sensing platforms[J]. IEEE Transactions on Vehicular Technology, 2009, 58(2): 882-901.

[12] Zhang X, Neglia G, Kurose J, et al. Performance modeling of epidemic routing [J]. Computer Networks, 2007, 51(10): 2867-2891.

[13] Groenevelt R, Nain P, Koole G. The message delay in mobile ad hoc networks [J]. Performance Evaluation, 2005, 62(1-4): 210-228.

[14] Banerjee N, Corner M, Towsley D, et al. Relays, base stations, and meshes: enhancing mobile networks with infrastructure[C]. In Proc. of ACM MobiCom, 2008: 81-91.

[15] Rhee I, Shin M, Hong S, et al. On the levy-walk nature of human mobility[J]. IEEE/ACM Transactions on Networking, 2011, 19(3): 630-643.

第7章
预算可行型在线激励机制

7.1 引　言

充足的用户参与是保证移动群智感知应用达到较好服务质量的关键因素。目前，大部分移动群智感知应用[1-6]利用志愿者参与来提供服务。当用户参与一个移动群智感知活动时，会消耗他们所携带的感知设备的电池能量、计算、存储、通信等各种资源，并且有暴露他们的位置和其他隐私信息的威胁。因此，必须设计合理的激励机制对用户参与感知所付出的代价进行补偿，才能保证足够的参与用户数量，从而保证所需的数据收集质量。目前，有一部分相关工作[7-11]关注用于移动群智感知应用的激励机制。然而，这些激励机制是离线的，即所有感兴趣用户事先报告他们的属性信息（包括他们可以完成的任务和报价）给任务发起者，然后任务发起者在搜集了所有用户的信息后从中选择一个用户子集来满足特定的目标函数。然而，在现实应用中，用户总是在不同时间以随机顺序逐一在线到达的。因此，必须设计一种在线的激励机制，在不同时间根据当前已到达用户的信息来进行是否选择当前用户的决策，并且该决策一旦确定是不可挽回的。

根据目标不同，一般可将激励机制分为两类：①预算可行型在线激励机制，即任务发起者需要在指定的截止时间之前选择一个用户集来执行任务使其获得的价值最大化，并且付给这些用户的总报酬不超过指定的预算限制。②节俭型在线激励机制，即任务发起者需要在指定的截止时间之前选择一个用户集来完成某些特定的任务使其付给这些用户的总报酬最小化。本章主要关注预算可行型在线激励机制，节俭型在线激励机制将在下一章中具体阐述。

针对预算可行型在线激励机制，我们考虑选择用户集的价值函数是一个非负单调次模函数的情况,可应用于许多现实场景,例如,许多移动群智感知应用[1-5]旨在选择用户收集感知数据使一个给定感知区域在指定的截止时间之前被完全覆盖,这里覆盖函数就是一个典型的非负单调次模函数。我们进一步假定每个用户的感知成本和到达/离开时间是只有自己知道的隐私信息。假定每个用户是一个博弈者,总是寻求一个均衡策略(可能谎报自己的感知成本或到达/离开时间)来最大化他的个人效用值。因此,我们将该问题构建为一个在线拍卖模型,机制设计的目标是使其满足六个重要特性:①计算有效性,即机制能实时进行决策;②个人合理性,即每个被选择用户得到的报酬应不小于所付出的成本;③预算可行性,即任务发起者支付给所有被选择用户的总报酬应不超过预算;④真实性,即每个用户的报价应该等于其真实成本(成本真实性),而报告的到达/离开时间应该也是真实的(时间真实性),只有在这种情况下用户才能获得最好的收益;⑤消费者主权性,即不能随意排除一个用户,每个用户都有赢得拍卖的机会;⑥竞争性,即任务发起者获得的价值应接近于在相应的离线场景下所获得的最优解。

本章的主要工作包括:将在线激励问题构建为一个在线拍卖模型;分别考虑用户的到达时间与离开时间的间隔是否为零两种模型,提出两个预算可行型在线激励机制:OMZ 机制在零“到达-离开”间隔模型下可以满足所有所需特性,而 OMG 机制在一般间隔模型下可以满足所有所需特性;最后通过仿真实验验证了所提出的两种激励机制的有效性。

7.2 预算可行型在线激励问题描述

如图 7-1 所示,一个移动群智感知系统由一个任务发起者和一群移动用户构成,其中任务发起者处于数据中心并包含多个感知服务器,而移动用户通过蜂窝网络(如 GSM/3G/4G)或 Wi-Fi 接入点与数据中心相连接。任务发起者首先在一个感兴趣区域发起一个群智感知活动,要求在指定的截止时间 T 之前找到一些用户完成一个任务集 $\Gamma=\{\tau_1,\cdots,\tau_m\}$。假定一群对该活动感兴趣的移动用户 $U=\{1,2,\cdots,n\}$ 在不同时间以随机顺序逐一到达,其中 n 是未知数。每个用户 $i\in U$ 的到达时间为 $a_i\in\{1,\cdots,T\}$,离开时间为 $d_i\in\{1,\cdots,T\}$,$d_i\geqslant a_i$,在该时间间隔内可以完成任务子集 $\Gamma_i\subseteq\Gamma$,其执行感知任务的成本为 $c_i\in\mathbb{R}^+$,这些信息构成用户 i 的属性 $\theta_i=(a_i,d_i,\Gamma_i,c_i)$。根据用户的分布我们考虑以下两种模型。

- 独立同分布模型(independent and identically distributed model):用户的成本和

价值服从某种未知的独立同分布模型。

- 秘书模型（secretary model）：存在一个敌手可以决定用户的成本和价值，但不能决定用户出现的时间顺序。

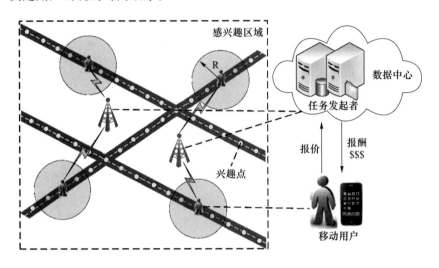

图 7-1   基于拍卖的移动群智感知系统模型

事实上，独立同分布模型是秘书模型的一个特例，因为我们可以首先根据某种未知分布选择一个成本和价值的集合，然后对该集合的元素进行随机排列，从而得到用户序列。需要注意的是，这两种模型不同于"无视敌手模型"（oblivious adversarial model），即存在一个敌手可以决定用户的成本、价值和到达顺序，并选择一个最差情况的输入流。

我们使用在线拍卖模型对任务发起者和用户之间的交互过程进行建模。每个用户期待一个报酬作为参与感知任务的回报。因此，用户会选择一个报价来售卖自己的感知数据。当一个用户到达的时候，任务发起者必须在该用户离开之前决定是否购买该用户的感知数据，如果购买，应该给多少报酬。假定任务发起者有一个预算限制 B，表示他愿意支付的总报酬的最大值。因此，任务发起者总是希望在预算限制下从选择的用户集里获得最大的价值。

假定每个用户是一个博弈者，总是寻求一个均衡策略来使他的个人效用值最大化。需要注意的是，每个用户 i 的感知成本和到达/离开时间是只有他自己知道的隐私信息，只有他的任务集 Γ_i 必须是真实的，因为任务发起者可以识别是否用户宣称的任务被执行。换句话说，用户 i 可能谎报除了 Γ_i 之外的其他任何属性信息。任务发起者的预算和价值函数是公开的。每个用户可以制定一个可能与真实属性不一致的策略：$\hat{\theta}_i = (\hat{a}_i, \hat{d}_i, \Gamma_i, b_i)$，其中 $a_i \leqslant \hat{a}_i \leqslant \hat{d}_i \leqslant d_i$。需要注意的是，每个用户不可能谎报一个比真实到达时间更早的到达时间或一个比真实离开时间更晚的离开时间。为了获得所需的服务，平台需要设计一个在线激励机制 $M=(f,p)$，包含一个分配函数 f 和一个支付函数 p。对于任何策略序列 $\hat{\theta}=(\hat{\theta}_1,\cdots,\hat{\theta}_n)$，分配函数 $f(\hat{\theta})$ 计算一个对选择用户集 $S\subseteq U$ 的任务分配方案，而支付函数 $p(\hat{\theta})$ 计算一个支付给选择用户的报酬的向量 $(p_1(\hat{\theta}),\cdots,p_n(\hat{\theta}))$。需要注意的是，当得知用户 i 的策略 $\hat{\theta}_i$ 时，任务发起者必须在该用户的离开时刻 $\hat{d}_i$ 之前决定是否选择该用户以及支付多少报酬 (p_i)。

用户 i 的效用函数可以表示为

$$u_i = \begin{cases} p_i - c_i, & \text{如果 } i \in S; \\ 0, & \text{反之} \end{cases} \tag{7-1}$$

令 $V(S)$ 表示平台对于选择用户集 S 的价值函数。任务发起者希望在预算限制下从选择用户集获得最大的价值，即

$$\text{Maximize } V(S) \text{ subject to} \sum_{i\in S} p_i \leqslant B \tag{7-2}$$

本章关注价值函数 $V(S)$ 是非负单调次模函数的情况，许多现实应用场景都符合这种情况。

定义 7.1（单调次模函数） 令 Ω 表示一个有限集合。对于任意 $X\subseteq Y\subseteq\Omega$ 和 $x\in\Omega\backslash Y$，当且仅当满足

$$f(X\cup\{x\})-f(X)\geqslant f(Y\cup\{x\})-f(Y) \tag{7-3}$$

时，我们称函数 $f:2^\Omega\to\mathbb{R}$ 为次模函数；同时，当且仅当满足 $f(X)\leqslant f(Y)$ 时，我们称该函数是单调（递增）的。其中，2^Ω 表示 Ω 的幂集，$\mathbb{R}$ 表示实数集。

以图 7-1 所示的场景为例，任务发起者希望获得覆盖感兴趣区域内所有道路的感知数据。为了方便计算，我们将每条道路划分为多个离散的兴趣点，因此任务发起者的目标相当于在截止时间 T 之前获取覆盖所有兴趣点的感知数据。兴趣点集合可表示为 $\Gamma=\{\tau_1,\cdots,\tau_m\}$。假定每个传感器有一个感知半径为 R 的全向感知模型，也就是说，如果用户 i 在位置 L_i 获得一个感知数据，则在以 L_i 为原点、半径为 R 的圆形内的所有兴趣点都被覆盖一次。用户 i 所覆盖的兴趣点集合可表示为 $\Gamma_i\subseteq\Gamma$，代表用户 i 可以完成的感知任务。不失通用性，我们假定每个兴趣点 τ_j 有一个覆盖需求 $r_j\in\mathbb{Z}_+$，表示它需要最多被感知多少次。选择的用户对于任务发起者的价值可表示为

$$V(S) = \sum_{j=1}^{m} \min\left\{r_j, \sum_{i\in S} v_{i,j}\right\} \tag{7-4}$$

其中，如果 $\tau_j\in\Gamma_i$，则 $v_{i,j}$ 等于 1，否则等于 0。

引理 7.1 价值函数 $V(S)$ 是单调次模函数。

证明: 首先,对于任意 $X \subseteq Y \subseteq U$ 和 $x \in U \backslash Y$,我们有

$$V(X \bigcup \{x\}) - V(X) = \sum_{j=1}^{m} \min\{\max\{0, r_j - \sum_{i \in X} v_{i,j}\}, v_{x,j}\}$$

$$\geqslant \sum_{j=1}^{m} \min\{\max\{0, r_j - \sum_{i \in Y} v_{i,j}\}, v_{x,j}\}$$

$$= V(Y \bigcup \{x\}) - V(Y)$$

其次,对于任意 $X \subseteq U$ 和 $X \in U \backslash X$,我们有 $V(X \bigcup \{x\}) - V(X) \geqslant 0$。因此,根据定义 7.1 可知,价值函数 $V(S)$ 是单调次模函数。 □

我们的目标是设计一种预算可行型在线激励机制,使其满足以下六个重要特性。

- 计算有效性:如果在每个用户到达时平台做出的分配和支付决策可以在多项式时间内计算完成,则该机制是计算有效的。

- 个人合理性:如果每个参与用户的效用非负,即 $u_i \geqslant 0$,则该机制是个人合理的。

- 预算可行性:如果满足 $\sum_{i \in S} p_i \leqslant B$,则该机制是预算可行的。

- 真实性:如果对于任意用户,报告真实的成本和到达/离开时间是它的占优策略,则该机制是"成本真实的"和"时间真实的"(统称为"真实的")。换句话说,没有用户可以通过单方面地谎报自己的成本或到达/离开时间来提高自己的效用。

- 消费者主权性:如果任意用户在其他用户保持不变的情况下,只要自己的报价足够低都有机会在拍卖中胜出并获得一个报酬,也就是说机制不能随意将任何用户排除在外,则该机制是满足消费者主权性的。

- 常数竞争性:该机制的目标是最大化任务发起者获得的价值。为了量化机制的性能,我们将其与离线情况下的最优解作对比。如果在线机制获得的价值与最优解的比值为 $O(g(n))$,则称该机制是 $O(g(n))$-竞争的。理想情况下,我们总是希望所设计的机制是 $O(1)$-竞争的,即满足常数竞争性。

前三个特性的重要性是很明显的,因为它们保证机制可以实时运行并且满足平台和用户的基本需求。同时,后三个特性用来保证机制的高性能和稳健性,因而也是不可或缺的。其中,真实性旨在消除对市场操作的担心,以及避免参与用户制定博弈策略的负担;消费者主权性旨在保证每个参与用户都有机会赢得拍卖并获得报酬,否则将会阻碍用户的竞争,甚至造成任务饥渴。另外,如果一些用户肯定不能赢得拍卖,则意味着这些用户是否诚实地报告自己的成本或到达/离开时间都会有相同的结果。因此,在文献 [12] 里,同时满足消费者主权性和真实性的属性被统称为"强真实性"。稍后我们将说明

在离线场景下满足消费主权性是无关紧要的事情,而在线场景下并非如此。最后,我们希望所设计的机制能满足常数竞争性。需要注意的是,在无视敌手模型下不可能存在一个常数竞争性的拍卖机制[13]。

7.3　零"到达-离开"间隔模型下的预算可行型在线激励机制

本节中,我们考虑一个特殊情况,即用户的到达时间等于离开时间。在这种情况下,每个用户是没有耐性的,就是说一旦用户到达就必须立即做出决策。同时,我们无须考虑时间真实性,这是因为用户离开后就不可能再做任何感知任务或获取任何报酬,所以任何用户都没有激励去谎报一个比真实到达时间更晚的到达时间或一个比真实离开时间更早的离开时间。我们提出一种在线激励机制 OMZ,使其在零"到达-离开"间隔模型下可以满足所有所需特性(时间真实性则无须考虑)。在 7.4 节我们将进一步修改该机制从而得到一种新的机制,使其在一般间隔模型下满足包括时间真实性在内的所有所需特性。为了方便理解,我们暂时假定没有任何两个用户有相同的到达时间。需要注意的是,根据 7.4 节所提出的改进机制,该假定也可以很容易被去掉。

7.3.1　机制设计

设计一个满足要求的在线机制需要克服如下三个挑战:首先,用户的成本是未知的,并且需要以真实的方式进行报价;其次,支付给用户的总报酬不能超过任务发起者的预算;最后,需要能够处理在线到达的用户。之前的在线拍卖及相关问题的解决方案总是通过一个两阶段的"采样-接收"过程在在线场景下达到所期望的结果,即拒绝第一批用户,并将第一批用户当作样本进行学习,从而制定是否接收剩余用户的决策。然而,由于第一批用户不管成本多低都不可能赢得拍卖,所以这些方案都不能保证消费者主权性,而在我们的问题中会产生一些不希望见到的效应:自动拒绝第一批用户的策略将会鼓励用户都推迟到达时间,也就是说那些早到的用户没有任何激励去参与报价,这将阻碍用户竞争甚至造成任务整个过程如算法 7.1 所示:首先,我们将 T 个时间步划分为 $(\lfloor \log_2 T \rfloor + 1)$ 个阶段 $\{1, 2, \cdots, \lfloor \log_2 T \rfloor, \lfloor \log_2 T \rfloor + 1\}$。第 i 个阶段的结束时间步为 $T' = \lfloor 2^{i-1} T / 2^{\lfloor \log_2 T \rfloor} \rfloor$。相应地,为第 i 个阶段分配的阶段预算为 $B' = 2^{i-1} B / 2^{\lfloor \log_2 T \rfloor}$。图 7-2 示意当 $T=8$ 时的情况。当一个阶段结束时,我们将所有已经到达的用户添加到样本集

S'中，并且根据样本集的信息和所分配的阶段预算 B' 使用 **GetDensityThreshold** 算法（稍后介绍）计算一个密度阈值 ρ^*，用于下一阶段中对用户进行决策。特别地，当最后一个阶段 $i=\lfloor\log_2 T\rfloor+1$ 到来时，我们根据在时间步 $\lfloor T/2\rfloor$ 之前到达的所有用户的信息和分配的阶段预算 $B/2$ 计算密度阈值。

算法 7.1　零"到达-离开"间隔模型下的预算可行型在线激励机制（OMZ）

Input: 预算限制 B，截止时间 T

　　/* 初始化时间 t、阶段结束时间 T'、阶段预算 B'、样本集 S'、密度阈值 ρ^*、选择用户集 S　　　　*/

1　$(t, T', B', S', \rho^*, S) \leftarrow (1, \frac{T}{2^{\lfloor\log_2 T\rfloor}}, \frac{B}{2^{\lfloor\log_2 T\rfloor}}, \varnothing, \varepsilon, \varnothing)$;

2　**while** $t \leqslant T$ **do**

3　　**if** 存在一个用户 i 在时间步 t 到达 **then**

　　　　　/* 分配任务和支付报酬　　　　　　　　　　　　　　　　　　　　　　　　　　*/

4　　　**if** $b_i \leqslant V_i(S)/\rho^* \leqslant B' - \sum_{j\in S} p_j$ **then**

5　　　　　$p_i \leftarrow V_i(S)/\rho^*$; $S \leftarrow S \cup \{i\}$;

6　　　**else** $p_i \leftarrow 0$;

7　　　$S' \leftarrow S' \cup \{i\}$;

8　　**end**

9　　**if** $t = \lfloor T' \rfloor$ **then**

　　　　　/* 更新密度阈值　　　　　　　　　　　　　　　　　　　　　　　　　　　　　*/

10　　　$\rho^* \leftarrow$ **GetDensityThreshold**(B', S');

11　　　$T' \leftarrow 2T'$; $B' \leftarrow 2B'$;

12　　**end**

13　　$t \leftarrow t+1$;

14　**end**

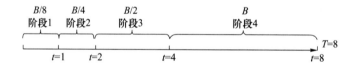

图 7-2　预算可行型机制的多阶段"采样-接收"过程示意图

给定一个选择用户集 S，用户 $i \notin S$ 的边缘价值为 $V_i(S)=V(S\cup\{i\})-V(S)$，他的边缘密度为 $V_i(S)/b_i$。当一个新的用户 i 到达时，只要他的边缘密度不小于当前密度阈值 ρ^*，并且所分配的阶段预算 B' 还没有用完，则该机制分配任务给这个用户。同时，支付给用户 i 一个报酬：

$$p_i = V_i(S)/\rho^* \tag{7-5}$$

并且将该用户添加到选择用户集 S。为了启动该机制，我们设置一个较小的初始密度阈值 ε 用于在第一个阶段中进行决策。

既然每个阶段维持一个不变的密度阈值,那么根据样本集 S' 和所分配的阶段预算 B',很自然地采用"按比分享"的分配准则来计算密度阈值。如算法 7.2 所示,计算过程采用一个贪婪策略。首先,按照边缘密度递增的顺序对样本集中的用户进行排序。在排序中,第 $i+1$ 个用户是用户集 $S'\setminus J_i$ 中使 $V_j(J_i)/b_j$ 最大化的用户 j,其中 $J_i=\{1,2,\cdots,i\}$,且 $J_0=\varnothing$。考虑到价值函数 V 是次模函数,该排序隐含以下关系:

$$\frac{V_1(J_0)}{b_1} \geqslant \frac{V_2(J_1)}{b_2} \geqslant \cdots \geqslant \frac{V_{|s'|}(J_{|s'|-1})}{b_{|s'|}} \tag{7-6}$$

然后,我们找到最大的 k 使其满足 $b_k \leqslant \frac{V_k(J_{k-1})B}{V(J_k)}$,则选择用户集为 $J_k=\{1,2,\cdots,k\}$。

最后,我们将密度阈值设置为 $\frac{V(J_k)}{\delta B'}$。这里,我们设置 $\delta>1$ 来获得一个稍微低估的密度阈值,从而保证有足够的用户被选择并且避免预算浪费。稍后,我们将精心设置一个 δ 值使 OMZ 机制达到一个常数竞争比。

算法 7.2　GetDensityThreshold

Input: 阶段预算 B', 样本集 S'
1　$J \leftarrow \varnothing;\ i \leftarrow \arg\max_{j\in S'}(V_j(J)/b_j);$
2　**while** $b_i \leqslant \frac{V_i(J)B'}{V(J\cup\{i\})}$ **do**
3　　$J \leftarrow J \cup \{i\};$
4　　$i \leftarrow \arg\max_{j\in S'\setminus J}(V_j(J)/b_j);$
5　**end**
6　$\rho \leftarrow V(J)/B';$
7　**return** $\rho/\delta;$

接下来,我们使用一个例子来说明 OMZ 机制如何工作。

例 7.1　考虑一个任务发起者,其预算限制为 $B=16$,截止时间为 $T=8$。有 5 个用户在截止时间前逐一在线到达,其属性表示为:$\theta_i=(a_i,d_i,\Gamma_i,c_i)$,其中 $a_i=d_i$;假定每个用户的边缘价值都为 1,因此可忽略 Γ_i。这 5 个用户的具体属性分别为:$\theta_1=(1,1,2)$,$\theta_2=(2,2,4)$,$\theta_3=(4,4,5)$,$\theta_4=(6,6,1)$,$\theta_5=(7,7,3)$。

我们设置 $\varepsilon=1/2,\delta=1$。那么 OMZ 机制的工作过程如下。

- $t=1$:$(T',B',S',\rho^*,S)=(1,2,\varnothing,1/2,\varnothing)$,$V_1(S)/b_1=1/2$,因此 $p_1=2$,$S=\{1\},S'=\{1\}$。更新密度阈值:$\rho^*=1/2$。

- $t=2$:$(T',B',S',\rho^*,S)=(2,4,\{1\},1/2,\{1\})$,$V_2(S)/b_2=1/4$,因此 $p_2=0$,$S'=\{1,2\}$。更新密度阈值:$\rho^*=1/4$。

- $t=4$：$(T',B',S',\rho^*,S)=(4,8,\{1,2\},1/4,\{1\})$，$V_3(S)/b_3=1/5$，因此 $p_3=0$，$S'=\{1,2,3\}$。更新密度阈值：$\rho^*=1/4$。

- $t=6$：$(T',B',S',\rho^*,S)=(8,16,\{1,2,3\},1/4,\{1\})$，$V_4(S)/b_4=1$，因此 $p_4=4$，$S=\{1,4\}$，$S'=\{1,2,3,4\}$。

- $t=7$：$(T',B',S',\rho^*,S)=(8,16,\{1,2,3,4\},1/4,\{1,4\})$，$V_5(S)/b_5=1/3$，因此 $p_5=4$。最终，选择用户集为：$S=\{1,4,5\}$，三个被选择的用户得到的报酬分别为 2，4，4。

7.3.2 机制分析

接下来，我们分别证明 OMZ 机制满足计算有效性（引理 7.2）、个人合理性（引理 7.3）、预算可行性（引理 7.4）、成本真实性（引理 7.5）和消费者主权性（引理 7.6）。然后通过巧妙地设置 δ 值，分别证明 OMZ 机制可以在独立同分布模型（引理 7.7）和秘书模型（引理 7.10）下达到常数竞争比。

引理 7.2 OMZ 机制满足计算有效性。

证明：既然 OMZ 机制是在线运行的，我们仅需关注在每个时间步 $t\in\{1,\cdots,T\}$ 的计算复杂度。计算用户 i 的边缘价值的计算复杂度为 $O(|\varGamma_i|)$，最多为 $O(m)$。所以，计算用户 i 的分配和支付（算法 7.1 第 3~8 行）的复杂度上界为 $O(m)$。接下来，我们分析计算密度阈值的复杂度（算法 7.2）。找到边缘密度最大的用户需要花费的时间为 $O(m|S'|)$。既然有 m 个任务，并且每个选择用户应该贡献至少一个新的任务，那么选择用户的个数最多为 $\min\{m,|S'|\}$。所以，算法 7.2 的计算复杂度上界为 $O(m|S'|\min\{m,|S'|\})$。因此，每个时间步（算法 7.1 第 3~13 行）的计算复杂度上界为 $O(m|S'|\min\{m,|S'|\})$。最后一个阶段的样本集 S' 有最多的样本个数，即以很高的概率等于 $n/2$。因此，每个时间步的计算复杂度上界是 $O(mn\min\{m,n\})$。 □

需要注意的是，以上的复杂度分析是比较保守的。在实际应用中，计算边缘价值的复杂度 $O(|\varGamma_i|)$ 远小于 $O(m)$。而且，OMZ 机制的复杂度将随着 n 的增加呈线性增长趋势，尤其是当 n 很大的时候。

引理 7.3 OMZ 机制满足个人合理性。

证明：从算法 7.1 的第 4~6 行可知，如果 $i\in S$，则 $p_i\geqslant b_i$；否则 $p_i=0$。因此，我们有

$u_i \geqslant 0$，即 OMZ 机制满足个人合理性。 $\square$

引理 7.4 OMZ 机制满足预算可行性。

证明：在每个阶段 $i \in \{1, 2, \cdots, \lfloor \log_2 T \rfloor, \lfloor \log_2 T \rfloor + 1\}$，OMZ 机制使用一个阶段预算 $B' = \dfrac{2^{i-1} B}{2^{\lfloor \log_2 T \rfloor}}$。根据算法 7.1 的第 4 行和第 5 行，可以保证当前支付的总报酬不超过阶段预算 B'。特别地，最后一个阶段的预算限制为 B。因此，每个阶段都是预算可行的，最终当截止时间 T 到来时，支付的总报酬不超过总预算 B。 $\square$

设计一个具有成本真实性的机制依赖报价无关性原理。令 b_{-i} 表示在第 i 个报价 b_i 到达之前的报价序列，即 $b_{-i} = (b_1, \cdots, b_{i-1})$，我们将这样的序列称为前缀序列。令 p' 表示从前缀序列到价格（非负实数）的一个函数。我们将报价无关性的定义扩展到在线场景，如下所示。

定义 7.2（报价无关的在线拍卖） 如果一个在线拍卖对于每个玩家 i 的分配和支付方式满足如下规则：

- 拍卖机制构造一个预定价格 $p'(b_{-i})$；
- 如果 $p'(b_{-i}) \geqslant b_i$，则玩家 i 以价格 $p_i = p'(b_{-i})$ 赢得拍卖；
- 否则，玩家 i 被拒绝，并且 $p_i = 0$。

那么，我们称该在线拍卖是报价无关的。

命题 7.1（文献[13]中的命题 2.1） 一个在线拍卖满足成本真实性，当且仅当该拍卖是报价无关的。

引理 7.5 OMZ 机制满足成本真实性。

证明：考虑一个用户 i 在某个阶段到达时密度阈值为 ρ^*。如果该用户到达时已经没有剩余的预算，则用户的报价多少将不会影响机制的分配，因而也不会通过谎报成本来达到改善个人效用的目的。下面，我们考虑用户到达时还有剩余预算的情况。如果 $c_i \leqslant V_i(S)/\rho^*$，则报告任何低于 $V_i(S)/\rho^*$ 的成本将不会对用户的分配和支付带来改变，用户的效用将是 $V_i(S)/\rho^* - c_i \geqslant 0$；而报告一个大于 $V_i(S)/\rho^*$ 的成本将使用户在拍卖中失败，用户的效用将为 0。如果 $c_i > V_i(S)/\rho^*$，则报告任何大于 $V_i(S)/\rho^*$ 的成本将导致用户不被分配任何任务，从而效用为 0；而报告一个低于 $V_i(S)/\rho^*$ 的成本将会使用户在拍卖中胜出，但这种情况下，用户的效用将为负。因此，用户总是在报价等于真实的成

本,即 $b_i = c_i$ 时,才能获得最大的效用。 □

引理 7.6 OMZ 机制满足消费者主权性。

证明:每个阶段既是一个"接收"过程,也是一个为下一阶段做准备的"采样"过程。因此,用户在采样过程中没有自动被拒绝;只要用户的边缘密度不小于当前的密度阈值,并且所分配的阶段预算还有剩余,则该用户就会被分配任务和获得报酬,即满足消费者主权性。 □

在分析 OMZ 机制的竞争性之前,首先介绍 Singer[14] 提出的一个离线机制,该机制已经被证明能满足计算有效性、个人合理性、预算可行性和真实性。该机制虽然不知道用户的真实成本,但它是一个离线机制,即所有用户提交他们的报价,然后在机制搜集到所有报价后进行统一决策。该机制在预算限制下最大化得到的总价值方面与最优解相比是 $O(1)$-竞争的。因此,我们仅需要证明 OMZ 机制与这个离线机制相比具有常数竞争比,则 OMZ 机制与最优解相比也将具有常数竞争比。需要注意的是,在离线场景下是不需要考虑满足时间真实性和消费者主权性的,因为决策是在所有用户的信息都已经提交给任务发起者之后才做出的。

这个离线机制采用"按比分享"的分配准则。如算法 7.3 所描述,它包含两个阶段:"赢家选择"阶段和"支付确定"阶段。"赢家选择"阶段与算法 7.2 有着相同的工作过程。为了计算支付给每个赢家 $i \in S$ 的报酬,我们对 $U \setminus \{i\}$ 中的用户进行排序:

$$\frac{V_{i_1}(Q_0)}{b_{i_1}} \geqslant \frac{V_{i_2}(Q_1)}{b_{i_2}} \geqslant \cdots \geqslant \frac{V_{i_{n-1}}(Q_{n-2})}{b_{i_{n-1}}} \tag{7-7}$$

其中,$V_{i_j}(Q_{j-1}) = V(Q_{j-1} \bigcup \{i_j\}) - V(Q_{j-1})$ 表示第 j 个用户的边缘价值,Q_j 表示根据用户集 $U \setminus \{i\}$ 按照以上顺序排序得到的前 j 个用户,并且 $Q_0 = \varnothing$。用户 i 在位置 j 的边缘价值为 $V_{i(j)}(Q_{j-1}) = V(Q_{j-1} \bigcup \{i\}) - V(Q_{j-1})$。令 k' 表示满足 $b_{i_j} \leqslant V_{i_j}(Q_{j-1})B/V(Q_j)$ 的最后一个用户 $i_j \in U \setminus \{i\}$ 的位置。为了简化,我们将采用以下表示:$b_{i(j)} = V_{i(j)}(Q_{j-1})b_{i_j}/V_{i_j}(Q_{j-1})$,$\eta_{i(j)} = V_{i(j)}(Q_{j-1})B/V(Q_{j-1} \bigcup \{i\})$。为了保证真实性,应该支付给每个赢家一个临界值,也就是说,如果用户 i 的报价高于这个值,则他将不会赢得拍卖。因此,支付给用户 i 的报酬应该是如下 $k'+1$ 个价格的最大值:

$$p_i = \max_{j \in [k'+1]} \{\min\{b_{i(j)}, \eta_{i(j)}\}\} \tag{7-8}$$

算法 7.3　离线的按比分享机制[14]

Input: 预算限制 B，用户集 U

/* "赢家选择"阶段   */

1   $\mathcal{S} \leftarrow \varnothing; i \leftarrow \arg\max_{j \in U}(V_j(\mathcal{S})/b_j)$;

2   **while** $b_i \leqslant \frac{V_i(\mathcal{S})B}{V(\mathcal{S} \cup \{i\})}$ **do**

3    $\mathcal{S} \leftarrow \mathcal{S} \cup \{i\}$;

4    $i \leftarrow \arg\max_{j \in U \setminus \mathcal{S}}(V_j(\mathcal{S})/b_j)$;

5   **end**

/* "支付确定"阶段   */

6   **foreach** $i \in U$ **do** $p_i \leftarrow 0$;

7   **foreach** $i \in \mathcal{S}$ **do**

8    $U' \leftarrow U \setminus \{i\}; Q \leftarrow \varnothing$;

9   **repeat**

10     $i_j \leftarrow \arg\max_{j \in U' \setminus Q}(V_j(Q)/b_j)$;

11     $p_i \leftarrow \max\{p_i, \min\{b_{i(j)}, \eta_{i(j)}\}\}$;

12     $Q \leftarrow Q \cup \{i_j\}$;

13   **until** $b_{i_j} \leqslant \frac{V_{i_j}(Q_{j-1})B}{V(Q)}$;

14   **end**

15   **return** $(\mathcal{S}, p)$;

令 Z 表示由算法 7.3 计算出的选择用户集，$V(Z)$ 表示 Z 的价值，$\rho = V(Z)/B$ 表示 Z 的密度。分别令 Z_1 和 Z_2 表示 Z 中用户出现在前半部分输入流和后半部分输入流的用户子集。当阶段 $\lfloor \log_2 T \rfloor$ 结束时，我们获得样本集 S'，包含在时间步 $\lfloor T/2 \rfloor$ 之前到达的所有用户。因此，我们有 $Z_1 = Z \cap S'$ 和 $Z_2 = Z \cap \{U \setminus S'\}$。令 Z_1' 表示基于样本集 S' 和所分配的阶段预算 $B/2$，由算法 7.2 计算出的选择用户集，$V(Z_1')$ 表示 Z_1' 的价值，$\rho_1' = 2V(Z_1')/B$ 表示 Z_1' 的密度。最后一个阶段的密度阈值为 $\rho^* = \rho_1'/\delta$。令 Z_2' 表示在最后一个阶段由算法 7.1 计算出的选择用户集。假定每个用户的价值最多为 $V(Z)/\omega$，其中参数 ω 的值将在稍后给出。下面，我们分别针对独立同分布模型和秘书模型对 OMZ 机制的竞争性进行分析。

独立同分布模型下的竞争性分析：既然所有用户的成本和价值是独立同分布的，那么他们将以相同概率被选中到集合 Z 中。既然所有用户以随机顺序到达，那么样本集 S' 是用户集 U 的一个随机子集。所以，样本集 S' 中来自集合 Z 的用户个数服从一个超几何分布 $H(n/2, |Z|, n)$。因此，我们有 $E[|Z_1|] = E[|Z_2|] = |Z|/2$。每个用户的价值可以看作一个独立同分布的随机变量，并且由于价值函数 $V(S)$ 的次模性，我们可以推导出：$E[V(Z_1)] = E[V(Z_2)] \geqslant V(Z)/2$。支付给集合 Z_1 和 Z_2 中用户的总报酬的期望都是 $B/2$。既然 $V(Z_1')$ 是在阶段预算为 $B/2$ 的情况下计算出的，我们可以推导出：$E[V(Z_1')] \geqslant E[V(Z_1)] \geqslant V(Z)/2$，并且 $E[\rho_1'] \geqslant \rho$，其中第一个不等式成立是因为 $V(Z_1')$

是基于阶段预算 $B/2$ 根据"按比分享"准则由算法 7.2 计算出的最优解。因此，我们仅需要证明 $E[V(Z_2')]$ 与 $E[V(Z_1')]$ 的比例至少是一个常数，那么 OMZ 机制与离线机制相比也将有一个常数竞争比。

引理 7.7 对于充分大的 ω，$E[V(Z_2')]$ 与 $E[V(Z_1')]$ 的比值至少是一个常数。特别地，当 $\omega \to \infty$ 且 $\delta \to 4$ 时，该比值接近于 $1/4$。

证明： 根据在最后一个阶段支付给选择用户的总报酬，我们考虑以下两种情况。

情况一：在最后一个阶段支付给选择用户的总报酬至少为 $\alpha B, \alpha \in (0,1/2)$。在这种情况下，由于每个选择用户的边缘密度至少为 ρ^*，所以我们有

$$V(Z_2') \geqslant \rho^* \alpha B = \frac{\alpha \rho_1' B}{\delta} = \frac{2\alpha V(Z_1')}{\delta} \tag{7-9}$$

情况二：在最后一个阶段支付给选择用户的总报酬少于 $\alpha B, \alpha \in (0,1/2)$。可能有两种原因导致 Z_2 中的用户不被选择到 Z_2' 中。第一种原因是 Z_2 中的一些用户的边缘密度小于 ρ^*。即使这样的用户都在 Z_2 中，支付给他们的总报酬的期望也最多是 $B/2$。由于次模性，由这些丢失的用户导致的总价值损失的期望最多是

$$\rho^* \cdot \frac{B}{2} = \frac{\rho_1' B}{2\delta} = \frac{V(Z_1')}{\delta} \tag{7-10}$$

第二种原因是没有足够的预算支付给那些边缘密度不小于 ρ^* 的用户。这意味着支付给这样一个用户（如用户 i）的报酬大于 $(1/2-\alpha)B$，即 $V_i(S)/\rho^* > (1/2-\alpha)B$；否则将该用户添加到 Z_2' 中将不会导致支付给用户 Z_2' 中用户的总报酬超过阶段预算 $B/2$。因为 $E[\rho_1'] \geqslant \rho$，有

$$E[V_i(S)] > E[\rho^*] \cdot \left(\frac{1}{2}-\alpha\right)B = \frac{(1-2\alpha)E[\rho_1']B}{2\delta} \geqslant \frac{(1-2\alpha)\rho B}{2\delta} \tag{7-11}$$

因为支付给 Z_2 中所有用户的总报酬的期望最多为 $B/2$，所以在 Z_2 中不可能有多于 $\left(\frac{\delta}{1-2\alpha}-1\right)$ 个这样的用户。由于每个用户的价值最多为 $V(Z)/\omega$，所以这些丢失的用户导致的总价值损失的期望最多是 $\left(\frac{\delta}{1-2\alpha}-1\right)V(Z)/\omega$。因此，有

$$E[V(Z_2')] \geqslant E[V(Z_2)] - \left(\frac{\delta}{1-2\alpha}-1\right)\frac{V(Z)}{\omega} - \frac{E[V(Z_1')]}{\delta}$$

$$\geqslant \frac{V(Z)}{2} - \left(\frac{\delta}{1-2\alpha}-1\right)\frac{V(Z)}{\omega} - \frac{E[V(Z_1')]}{\delta}$$

$$\geqslant \left[\frac{1}{2} - \left(\frac{\delta}{1-2\alpha}-1\right)\frac{1}{\omega} - \frac{1}{\delta}\right]E[V(Z_1')]$$

联合考虑情况一和情况二，$E[V(Z_2')]$ 与 $E[V(Z_1')]$ 的比值将至少为 $2\alpha/\delta$，如果满足

如下的等式：

$$\frac{1}{2} - \left(\frac{\delta}{1-2\alpha} - 1\right)\frac{1}{\omega} - \frac{1}{\delta} = \frac{2\alpha}{\delta} \qquad (7\text{-}12)$$

因此，对于一个特定的参数 ω，我们可以通过求解下面的优化问题获得 $E[V(Z_2')]$ 与 $E[V(Z_1')]$ 的最优比值：

$$\text{Maximize } \frac{2\alpha}{\delta} \text{ subject to Eq. (7-12) and } \alpha \in (0, 1/2] \qquad (7\text{-}13)$$

当 ω 充分大时（至少为 12），我们可以获得 $E[V(Z_2')]$ 与 $E[V(Z_1')]$ 的一个常数比值。图 7-3 显示了当取不同的 ω 值时通过设置合适的 δ 值所获得的最优比值。可以看出，随着 ω 值变大，可以获得更高的比值。更重要的是，随着 ω 值的增加，$E[V(Z_2')]$ 与 $E[V(Z_1')]$ 的最优比值和对应的 δ 值都会很快收敛。特别地，当 $\omega \to \infty$ 且 $\delta \to 4$ 时，最优比值接近于 $1/4$。 □

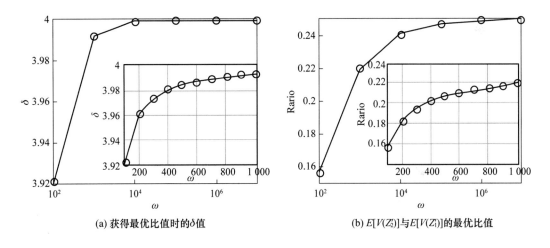

(a) 获得最优比值时的 δ 值　　　　　　(b) $E[V(Z_2')]$ 与 $E[V(Z_1')]$ 的最优比值

图 7-3　当取不同的 ω 值时所获得的 $E[V(Z_2')]$ 与 $E[V(Z_1')]$ 的最优比值

秘书模型下的竞争机制分析：首先，我们介绍一个引理。

引理 7.8（文献[15]中的引理 16）　对于充分大的 ω，随机变量 $|V(Z_1) - V(Z_2)|$ 以常数概率以 $V(Z)/2$ 为上界。

一个非负次模函数同时也是一个次加性（subadditive）函数，所以有 $V(Z_1) + V(Z_2) \geqslant V(Z)$。因此，引理 7.8 很容易扩展为如下推论。

推论 7.1　对于充分大的 ω，$V(Z_1)$ 和 $V(Z_2)$ 都以常数概率大于或等于 $V(Z)/4$。

引理 7.9　给定一个样本集 S'，基于预算 $B'/2$ 由算法 7.2 计算出的选择用户的总价值至少是基于预算 B' 计算出的总价值的一半。

证明：假定基于预算 $B'/2$ 计算出的选择用户集为 $S_l = \{1, 2, \cdots, l\}$，基于预算 B' 计算

出的选择用户集为 $S_k = \{1,2,\cdots,k\}$，那么可以根据用户的边缘密度按照递增顺序对用户进行如下排序：

$$\frac{V_1(S_0)}{b_1} \geqslant \frac{V_2(S_1)}{b_2} \geqslant \cdots \geqslant \frac{V_l(S_{l-1})}{b_l} \geqslant \frac{2V(S_l)}{B'} \geqslant \frac{V_{l+1}(S_l)}{b_{l+1}}$$

$$\geqslant \cdots \geqslant \frac{V_k(S_{k-1})}{b_k} \geqslant \frac{V(S_k)}{B'} \geqslant \frac{V_{k+1}(S_k)}{b_{k+1}} \geqslant \cdots \geqslant \frac{V_{|S'|}(S_{|S'|-1})}{b_{|S'|}}$$

因此，可以容易得出：$V(S_l) \geqslant V(S_k)/2$。 $\square$

注意到，基于预算 B 由算法 7.2 计算出的来自样本集 S' 的选择用户的总价值不小于 $V(Z_1)$。因此，考虑到推论 7.1 和引理 7.9，可以推导出 $V(Z_1') \geqslant V(Z_1)/2 \geqslant V(Z)/8$。因此，我们仅需证明 $V(Z_2')$ 与 $V(Z_1')$ 的比值至少是一个常数，那么 OMZ 机制与离线机制相比也将有一个常数竞争比。

引理 7.10 对于充分大的 ω，$V(Z_2')$ 与 $V(Z_1')$ 的比值至少是一个常数。特别地，当 $\omega \to \infty$ 且 $\delta \to 12$ 时，该比值接近于 $1/12$。

证明：根据在最后一个阶段支付给选择用户的总报酬，我们考虑以下两种情况。

情况一：在最后一个阶段支付给选择用户的总报酬至少为 $\alpha B, \alpha \in (0, 1/2]$。在这种情况下，由于每个选择用户的边缘密度至少为 ρ^*，所以有

$$V(Z_2') \geqslant \rho^* \alpha B = \frac{\alpha \rho_1' B}{\delta} = \frac{2\alpha V(Z_1')}{\delta} \tag{7-14}$$

情况二：在最后一个阶段支付给选择用户的总报酬少于 $\alpha B, \alpha \in (0, 1/2]$。可能有两种原因导致 Z_2 中的用户不被选择到 Z_2' 中。第一种原因是 Z_2 中的一些用户的边缘密度小于 ρ^*。即使这样的用户都在 Z_2 中，支付给他们的总报酬的期望也最多是 B。由于次模性，由这些丢失的用户导致的总价值损失的期望最多是

$$\rho^* \cdot B = \frac{\rho_1' B}{\delta} = \frac{2V(Z_1')}{\delta} \tag{7-15}$$

第二种原因是没有足够的预算支付给那些边缘密度不小于 ρ^* 的用户。这意味着支付给这样一个用户（如用户 i）的报酬大于 $(1/2-\alpha)B$，即 $V_i(S)/\rho^* > (1/2-\alpha)B$；否则将该用户添加到 Z_2' 中将不会导致支付给用户 Z_2' 中用户的总报酬超过阶段预算 $B/2$。因为 $\rho_1' = 2V(Z_1')/B \geqslant V(Z)/(4B) = \rho/4$，有

$$V_i(S) > \rho^* \cdot \left(\frac{1}{2} - \alpha\right)B = \frac{(1-2\alpha)\rho_1' B}{2\delta} \geqslant \frac{(1-2\alpha)\rho B}{8\delta} \tag{7-16}$$

因为支付给 Z_2 中所有用户的总报酬的期望最多为 B，所以在 Z_2 中不可能有多于 $\left(\frac{8\delta}{1-2\alpha} - 1\right)$ 个这样的用户。由于每个用户的价值最多为 $V(Z)/\omega$，所以这些丢失的用户

导致的总价值损失的期望最多是 $\left(\dfrac{8\delta}{1-2\alpha}-1\right)V(Z)/\omega$。因此,有

$$V(Z_2') \geqslant V(Z_2) - \left(\frac{8\delta}{1-2\alpha}-1\right)\frac{V(Z)}{\omega} - \frac{2V(Z_1')}{\delta}$$

$$\geqslant \frac{V(Z)}{4} - \left(\frac{8\delta}{1-2\alpha}-1\right)\frac{V(Z)}{\omega} - \frac{2V(Z_1')}{\delta}$$

$$\geqslant \left[\frac{1}{4} - \left(\frac{8\delta}{1-2\alpha}-1\right)\frac{1}{\omega} - \frac{2}{\delta}\right]V(Z_1')$$

联合考虑情况一和情况二,$V(Z_2')$ 与 $V(Z_1')$ 的比值将至少为 $2\alpha/\delta$,如果满足如下的等式:

$$\frac{1}{4} - \left(\frac{8\delta}{1-2\alpha}-1\right)\frac{1}{\omega} - \frac{2}{\delta} = \frac{2\alpha}{\delta} \tag{7-17}$$

因此,对于一个特定的参数 ω,我们可以通过求解下面的优化问题获得 $V(Z_2')$ 与 $V(Z_1')$ 的最优比值:

$$\text{Maximize } \frac{2\alpha}{\delta} \text{ subject to Eq. (7-17) and } \alpha \in (0,1/2] \tag{7-18}$$

当 ω 充分大时,$V(Z_2')$ 与 $V(Z_1')$ 的比值是一个常数。特别地,当 $\omega \to \infty$ 且 $\delta \to 12$ 时,最优比值接近于 $1/12$。 □

从上面的分析可知,OMZ 机制在独立同分布模型(秘书模型)下与离线的按比分享机制有一个最多为 8(16)的竞争比。尽管竞争比可能看起来很大,但需要强调的是我们只是为了说明 OMZ 机制确实能满足常数竞争性,因此其性能与问题所涉及的参数(如用户个数、成本、可以完成的任务等)是无关的。另外,在 7.5 节中将显示 OMZ 机制在实际应用中表现很好,这也表明我们所给出的有界的竞争比可以作为机制设计的一个指导。根据上面的引理,我们可以总结出以下定理。

定理 7.1 OMZ 机制在零"到达-离开"间隔模型下满足计算有效性、个人合理性、预算可行性、真实性、消费者主权性和常数竞争性。

7.4 一般间隔模型下的预算可行型在线激励机制

本节中,我们考虑一般间隔模型,即每个用户的到达时间与离开时间的间隔可能大于零,并且可能有多个用户同时参与拍卖。首先,我们改变例 7.1 中的设置来显示 OMZ 机制在一般间隔模型下不满足时间真实性。

例 7.2 除了用户 1 有一个非零的"到达-离开"间隔(即 $a_1 < d_1$)之外,所有其他设置和例 7.1 相同。特别地,用户 1 的属性为:$\theta_1 = (1, 5, 2)$。

本例中,如果用户 1 报告真实属性,那么根据 OMZ 机制他将获得报酬 2。然而,如果用户 1 延迟报告自己的到达时间,报告属性 $\theta'_1 = (5, 5, 2)$,那么根据 OMZ 机制他将改善自己获得的报酬到 8。接下来,我们将提出一个新的在线激励机制 OMG,并证明它在一般间隔模型下满足所有六个所需的重要特性。

7.4.1 机制设计

为了保持 OMZ 机制的重要特性,我们在一般间隔模型下采用一个相似的算法框架。同时,为了保证成本真实性和时间真实性,我们必须基于三个原则来修改 OMZ 机制。

- 首先,只有当用户离开时才将其添加到样本集中,否则,如果用户的"到达-离开"时间跨越多个阶段,那么报价无关性将会被破坏,因为用户可能会间接影响自己获得的报酬。

- 其次,如果在某个时间有多个用户还没有离开,我们根据边缘价值(不是边缘密度)对这些用户进行排序,并且优先选择那些有更高边缘价值的用户,使用这种方式将保持报价无关性。

- 最后,每当一个新的时间步到来时,我们扫描所有还没有离开的用户列表,并在预算限制下选择那些边缘密度不小于当前密度阈值的用户,即使有的用户到达时间更早。当一个已经被选为赢家的用户离开时,我们支付给这个用户一个他在整个"到达-离开"间隔内所能获得的最大报酬,即使这个报酬大于他被选为赢家时的报酬。

根据以上三个原则,我们设计 OMG 机制使其在一般间隔模型下能满足所有所需的重要特性,具体如算法 7.4 所示。具体地,我们考虑两种情况。第一种情况是当前时间步 t 不是任何阶段的结束时间。在这种情况下,密度阈值保持不变,如算法 7.4 第 3~11 行所示,我们执行以下操作:首先,将所有在时间步 t 到达的新用户添加到一个在线用户集 O 中。然后,我们对这些在线用户按照边缘价值的顺序逐一进行决策,并优先选择边缘价值高的用户。如果一个在线用户 i 已经在时间步 t 之前被选择,那么我们不需要再对他进行任何决策,因为他不可能获得一个比之前更高的报酬(将稍后在引理 7.11 中证明);否则,我们需要再次对他进行决策:如果他的边缘密度不小于当前密度阈值,并且所分配的阶段预算还有剩余,则我们选择该用户,同时,支付给该用户报酬 $p_i = V_i(S)/\rho^*$,

并将他添加到选择用户集 S 中。最后,我们将所有在时间步 t 离开的用户从集合 O 中移除,并将他们添加到样本集 S' 中。

第二种情况是当前时间步恰好处于某个阶段的结束时间。在这种情况下,密度阈值将被更新,则算法 7.4 按照第 13~22 行执行操作:我们需要对这些在线用户按照边缘价值的顺序逐一进行决策,而不管他们是否在时间步 t 之前被选择过。如算法 7.4 第 17~20 行所示,如果用户 i 可以获得一个比之前更高的报酬,则我们将该用户的报酬更新为这个更高值;同时,如果用户 i 在时间步 t 之前从未被选择过,那么我们将他添加到选择用户集 S 中。

算法 7.4　一般间隔模型下的预算可行型在线激励机制(OMG)

Input: 预算限制 B,截止时间 T

/* 初始化时间 t、阶段结束时间 T'、阶段预算 B'、样本集 S'、密度阈值 ρ^*、选择用户集 S　　　　*/

1　$(t, T', B', S', \rho^*, S) \leftarrow (1, \frac{T}{2^{\lceil \log_2 T \rceil}}, \frac{B}{2^{\lceil \log_2 T \rceil}}, \varnothing, \varepsilon, \varnothing)$;

2　**while** $t \leqslant T$ **do**

3　　将所有在时间步 t 到达的新用户添加到一个在线用户集 O 中;$O' \leftarrow O \setminus S$;

　　　/* 对在线用户按照边缘价值的顺序逐一进行决策　　　　*/

4　　**repeat**

5　　　$i \leftarrow \arg\max_{j \in O'}(V_j(S))$;

　　　　/* 分配任务和支付报酬　　　　*/

6　　　**if** $b_i \leqslant V_i(S)/\rho^* \leqslant B' - \sum_{j \in S} p_j$ **then**

7　　　　$p_i \leftarrow V_i(S)/\rho^*$; $S \leftarrow S \cup \{i\}$;

8　　　**else** $p_i \leftarrow 0$;

9　　　$O' \leftarrow O' \setminus \{i\}$;

10　　**until** $O' = \varnothing$;

11　　将所有在时间步 t 离开的用户从在线用户集 O 中移除,并将他们添加到样本集 S' 中;

12　　**if** $t = \lfloor T' \rfloor$ **then**

　　　　/* 更新密度阈值　　　　*/

13　　　$\rho^* \leftarrow \mathbf{GetDensityThreshold}(B', S')$;

14　　　$T' \leftarrow 2T'$; $B' \leftarrow 2B'$; $O' \leftarrow O$;

　　　　/* 对在线用户按照边缘价值的顺序逐一进行重新决策　　　　*/

15　　　**repeat**

16　　　　$i \leftarrow \arg\max_{j \in O'}(V_j(S \setminus \{j\}))$;

　　　　　/* 分配任务和支付报酬　　　　*/

17　　　　**if** $b_i \leqslant V_i(S \setminus \{i\})/\rho^* \leqslant B' - \sum_{j \in S} p_j + p_i$ **and** $V_i(S \setminus \{i\})/\rho^* > p_i$ **then**

18　　　　　$p_i \leftarrow V_i(S \setminus \{i\})/\rho^*$;

19　　　　　**if** $i \notin S$ **then** $S \leftarrow S \cup \{i\}$;

20　　　　**end**

21　　　　$O' \leftarrow O' \setminus \{i\}$;

22　　　**until** $O' = \varnothing$;

23　　**end**

24　　$t \leftarrow t + 1$;

25　**end**

下面,我们再回到例 7.2。如果所有五个用户都真实地报告他们的属性,则 OMG 机制的工作过程如下。

- $t=1$:$(T',B',S',\rho^*,S)=(1,2,\varnothing,1/2,\varnothing)$,$V_1(S)/b_1=1/2$,因此 $p_1=2$,$S=\{1\}$。更新密度阈值:$\rho^*=1/2$,p_1 保持不变。

- $t=2$:$(T',B',S',\rho^*,S)=(2,4,\varnothing,1/2,\{1\})$,$V_2(S)/b_2=1/4$,因此 $p_2=0$,$S'=\{2\}$。更新密度阈值:$\rho^*=1/4$,将 p_1 增加到 4。

- $t=4$:$(T',B',S',\rho^*,S)=(4,8,\{2\},1/4,\{1\})$,$V_3(S)/b_3=1/5$,因此 $p_3=0$,$S'=\{2,3\}$。更新密度阈值:$\rho^*=1/8$,将 p_1 增加到 8。

- $t=5$:用户 1 离开,所以 $S'=\{1,2,3\}$。

- $t=6$:$(T',B',S',\rho^*,S)=(8,16,\{1,2,3\},1/8,\{1\})$,$V_4(S)/b_4=1$,因此 $p_4=8$,$S=\{1,4\}$,$S'=\{1,2,3,4\}$。

- $t=7$:$(T',B',S',\rho^*,S)=(8,16,\{1,2,3,4\},1/8,\{1,4\})$,$V_5(S)/b_5=1/3$,因此 $p_5=0$,$S'=\{1,2,3,4,5\}$。

因此,根据 OMG 机制,用户 1 可以获得报酬 8。即使用户 1 推迟报告自己的到达时间,谎报自己的属性为 $\theta_1'=(5,5,2)$,也仍然不能改善自己获得的报酬。因此,OMG 机制可以在一般间隔模型下保证时间真实性。

7.4.2 机制分析

很容易证明 OMG 机制也能保证计算有效性、个人合理性、预算可行性、消费者主权性和常数竞争性(和 OMZ 机制的证明过程基本一致),尽管 OMG 机制的竞争比会略低于 OMZ 机制。下面,我们主要证明 OMG 能保证成本真实性和时间真实性。

引理 7.11 OMG 机制满足成本真实性和时间真实性。

证明:考虑用户 i 的真实属性为 $\theta_i=(a_i,d_i,\Gamma_i,c_i)$,报告的策略属性为 $\hat{\theta}_i=(\hat{a}_i,\hat{d}_i,\Gamma_i,b_i)$。根据 OMG 机制,在每个时间步 $t\in[\hat{a}_i,\hat{d}_i]$ 都可能会重新决策是否接收用户 i,以及支付多少报酬。为了方便,令 T_t'、B_t'、ρ_t^* 和 S_t 分别表示在时间步 t 时(并且在对用户 i 进行决策之前)当前阶段的结束时间、剩余预算、当前密度阈值和选择用户集,令 $\hat{\theta}_{-i}$ 表示除 $\hat{\theta}_i$ 之外所有其他用户的策略属性。首先,我们证明以下两个命题。

命题(a):在某个时间步 $t \in [\hat{a}_i, \hat{d}_i]$,固定 ρ_t^* 和 B_t',报告真实成本对用户 i 是一个占优策略。 因为在时间步 t 的决策是报价无关的,所以该命题很容易证明。

命题(b):固定 b_i 和 $\hat{\theta}_{-i}$,报告真实的到达/离开时间对用户 i 是一个占优策略。 这是因为用户 i 总是被支付一个在他所报告的"到达-离开"间隔内所能得到的最大报酬。假定用户 i 在时间步 $t \in [\hat{a}_i, \hat{d}_i]$ 可以获得最大报酬,那么报告一个比 t 更早的到达时间或者更晚的离开时间都不会影响他所获得的报酬;然而,如果用户 i 报告一个比 t 更晚的到达时间或更早的离开时间,则他将获得一个较低的报酬。

基于命题(b),证明该引理还需要证明如下第三个命题也成立。

命题(c):固定 $[\hat{a}_i, \hat{d}_i]$ 和 $\hat{\theta}_{-i}$,报告真实成本对用户 i 是一个占优策略。 根据命题(a),用户 i 在时间步 t 谎报自己的成本不会改善他在当前时间所获得的报酬。因此,仅需证明用户 i 在时间步 $t \in (a_i, d_i)$ 谎报自己的成本仍然不会改善他在时间步 $t'(t < t' \leq d_i)$ 所获得的报酬。

首先,我们考虑用户 i 报告自己的真实属性时可以在时间步 $t = a_i$ 被选择。在这种情况下,用户 i 满足 $b_i \leq V_i(S_t)/\rho_t^* \leq B_t'$,可以获得报酬 $V_i(S_t)/\rho_t^*$。在时间 $t'(t < t' < T_t')$,根据价值函数 $V(S)$ 的次模性可知:$V_i(S_{t'}) \geq V_i(S_t)$。如果用户 i 满足 $b_i \leq V_i(S_{t'})/\rho_t^* \leq B_{t'}'$,则他将获得报酬 $V_i(S_{t'})/\rho_t^*$,否则他获得的报酬将为 0。因此,用户 i 在时间步 t' 不可能获得比在时间步 t 更高的报酬。这表明如果一个用户的"到达-离开"间隔没有跨越多个阶段,则他不能通过谎报自己的成本来改善所获得的报酬。

接下来,我们考虑用户的"到达-离开"间隔跨越多个阶段时在时间步 $t'(T_t' \leq t' \leq d_i)$ 所获得的报酬。根据命题(a),用户 i 在时间步 t' 获得的报酬依赖于 ρ_t^* 和 $B_{t'}'$。由于 ρ_t^* 与 b_i 无关,所以仅需考虑 b_i 对 $B_{t'}'$ 的影响。如果用户 i 谎报成本 b_i,但仍然满足 $b_i \leq V_i(S_t)/\rho_t^* \leq B_t'$,那么他将仍然在时间步 t 获得报酬 $V_i(S_t)/\rho_t^*$,因而 $B_{t'}'$ 保持不变。如果用户 i 报告一个更大的报价 $b_i > c_i$ 且 $b_i > V_i(S_t)/\rho_t^*$,那么他将不会在时间步 t 被选择。在这种情况下,预算将会更多地分配给其他用户,而 $B_{t'}'$ 将会变小。因此,用户 i 在时间步 t' 不能获得更高的报酬。

其次,我们考虑用户 i 报告自己的真实属性时不可以在时间步 $t = a_i$ 被选择。在这种情况下,用户 i 满足 $c_i > V_i(S_t)/\rho_t^*$ 或 $V_i(S_t)/\rho_t^* > B_t'$。当 $c_i > V_i(S_t)/\rho_t^*$ 时,如果用户 i 谎报成本 b_i 但仍然满足 $b_i > V_i(S_t)/\rho_t^*$,则结果不受影响;如果用户 i 谎报一个更低的报价 $b_i < c_i$ 且 $b_i \leq V_i(S_t)/\rho_t^*$,则他将会在时间步 t 被选择并获得报酬 $V_i(S_t)/\rho_t^*$,然而,在这种情况下,他的效用将是负数。另外,$B_{t'}'$ 保持不变,所以用户 i 在时间步 $t' > t$ 所获

得的报酬不受影响。当 $V_i(S_t)/\rho_t^* > B_t'$ 时,谎报成本既不会影响在时间步 t 的结果,也不会影响在时间步 $t' > t$ 的剩余预算 $B_{t'}'$。总之,谎报成本将不会改善用户 i 在时间步 $t' > t$ 所获得的报酬。 □

综合以上分析,我们可以得出以下定理。

定理 7.2 OMG 机制在一般间隔模型下满足计算有效性、个人合理性、预算可行性、真实性、消费者主权性和常数竞争性。

7.5 实验结果与分析

为了验证所提出的预算可行型在线激励机制的性能,我们实现了 OMZ 机制和 OMG 机制,并将它们与下面三个基准机制进行比较。第一个基准机制是离线的近似最优机制,该机制事先知道所有用户的属性信息。在我们所讨论的场景中,该问题本质上是一个经典的 NP 难问题,即"budgeted maximum coverage"问题,可使用贪婪算法提供一个 $\left(1 - \dfrac{1}{e}\right)$ 近似解[16]。第二个基准机制是离线的"按比分享"机制,即算法 7.3。第三个基准机制是在线的随机机制,该机制采用一个朴素的策略,即使用一个随机分配的固定密度阈值来进行决策。验证的性能指标包括运行时间和任务发起者获得的价值。

7.5.1 仿真设置

我们考虑一个 Wi-Fi 信号感知应用,其场景与文献[17]相同。图 7-4 显示一个从 Google 地图中获得的感兴趣区域,位于纽约曼哈顿,包括东西方向三条长 0.319 km 的道路和南北方向三条长 1.135 km 的道路。我们将感兴趣区域的每条道路均匀划分为间隔为 1 m 的离线的兴趣点,则整个感兴趣区域包含了 4 353 个兴趣点($m = 4\ 352$)。不失通用性,我们规定每个兴趣点的覆盖需求为 1。我们将截止时间 T 设置为 1 800 s,将预算 B 从 100 逐步增加到 10 000,每次增加 100。用户的到达时间服从到达率为 λ 的泊松过程,我们将 λ 从 0.2 逐步增加到 1,每次增加 0.2。每当一个用户到达时,我们将其随机放在道路上的任意一个兴趣点位置。在 OMZ 机制中,每个用户的到达时间等于离开时间,而在 OMG 机制中,每个用户的"到达-离开"间隔在 [0, 300] 上服从均匀分布。每个传感器的感知范围 R 设置为 7 m。每个用户的成本在 [1, 10] 上服从均匀分布。算法 7.1 和算法 7.4 的初始密度阈值均设置为 1。根据引理 7.7,对于充分大的 ω,当 $\delta=4$ 时 OMZ 机制满足常数竞争性。同时,我们注意到 ω 随着到达用户数目的增加而增加。因此,我们最初设置 $\delta=1$,并在样本集大小超过一个指定阈值时将其改变为 $\delta=4$。需要说明的是,该阈值是一个经验值,在我们的仿真中,将其设置为 240,因为我们观察到当用户数目大于 240 时,每个用户的价值最多是总价值的 1/100。对于随机机制,每次仿真我们运行 50 次获得其平均性能,在每次运行时,密度阈值从 1 到 29 中随机选择[①]。所有仿真运行在一个 1.7 GHz 的 CPU 和 8 GB 内存的 PC 上。每个测量通过运行 100 次求平均值。

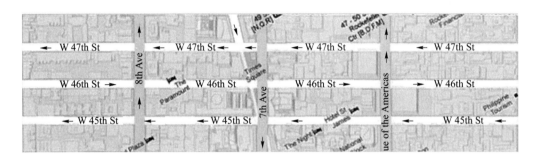

图 7-4　感兴趣区域

7.5.2　验证结果

(1) 运行时间:图 7-5 显示 OMZ 机制和 OMG 机制的运行时间。具体地说,图 7-5(a)显示了当 $\lambda=0.6$ 时不同阶段的运行时间[②]。图 7-5(b)显示了取不同的到达率(λ)时最后一个阶段的运行时间。可以看出,OMZ 机制和 OMG 机制有着相似的性能,而 OMG 的运行时间略低于 OMZ 机制。注意到样本集的大小随时间 t 和到达率 λ 呈线性增长关系,所以图 7-5 暗示了运行时间与用户个数之间的关系。因此,从图 7-5 可知两种机制的运行时间随着用户个数(n)的增加而线性增长,这与我们在 7.3.2 节中的分析相符合。

(2) 任务发起者获得的价值:图 7-6 对使用 OMZ 机制和 OMG 机制任务发起者所获得的价值与三种基准机制进行了比较。从图 7-6(a)可观察到当预算限制增加时,任务发起者可获得更高的价值;从图 7-6(b)可观察到当更多用户参与时,任务发起者可获得更

---

① 因为每个用户最多覆盖 29 个兴趣点,而他的报价至少为 1,所以其边缘密度最多为 29。

② 根据引理 7.2 的证明过程可知,两种机制的计算复杂度主要取决于计算密度阈值的复杂度,所以我们仅画出了每个阶段结束时刻的运行时间。

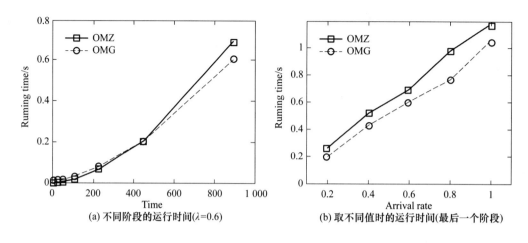

(a) 不同阶段的运行时间(λ=0.6)   (b) 取不同值时的运行时间(最后一个阶段)

图 7-5　运行时间

高的价值。离线的近似最优机制和"按比分享"机制知道所有用户的属性信息或策略信息,所以总是能比 OMZ 机制和 OMG 机制获得更高的价值。从仿真结果可知,"按比分享"机制与近似最优机制相比可使任务发起者牺牲一些价值来达到成本真实性,而 OMG 机制与 OMZ 机制相比可使任务发起者牺牲一些价值来达到时间真实性。我们还可观察到 OMG 机制和 OMZ 机制都可以保证达到离线解的常数近似。具体地说,尽管根据引理 7.7 的证明过程可知,OMG 机制和 OMZ 机制仅仅保证与"按比分享"机制的期望的竞争比至少为 8,而仿真结果表明 OMZ 机制的竞争比仅为 1.6,而 OMG 机制的竞争比为2.4。与近似最优解相比,OMZ 机制的竞争比仍然低于 2.2,而 OMG 机制的竞争比低于3.4。另外,我们可以看到 OMG 机制和 OMZ 机制都大大地超过了随机机制的性能。

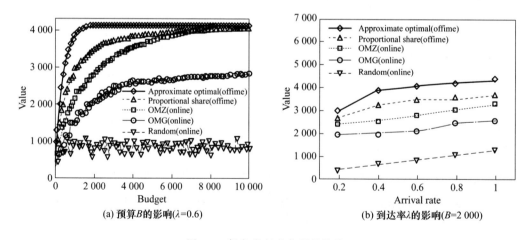

(a) 预算B的影响(λ=0.6)   (b) 到达率λ的影响(B=2 000)

图 7-6　任务发起者获得的价值

7.6 本章小结

本章提出了在线的激励机制来吸引足够的用户参与移动群智感知活动来保证获得满意的数据收集质量。与大部分现有的关注离线机制工作相比,我们关注在线机制,即用户在不同时间以随机顺序逐一在线到达。我们首先调查了预算可行型激励问题,即任务发起者需要在指定的截止时间之前选择一个用户集来执行任务使其获得的价值最大化,并且支付的总报酬不超过指定的预算限制。然后我们将该问题构建为在线拍卖模型,调查了选择用户集的价值函数是一个非负单调模函数的情况,可用于许多现实应用场景。最后提出了两个在线激励机制,即 OMZ 机制和 OMG 机制,分别适用于零"到达-离开"间隔模型和一般间隔模型,证明了这两个机制可以满足计算有效性、个人合理性、预算可行性、真实性、消费者主权性和常数竞争性六个重要特性,并利用大量的仿真对它们进行了验证。

本章参考文献

[1] Koukoumidis E, Peh L S, Martonosi M R. SignalGuru: leveraging mobile phones for collaborative traffific signal schedule advisory[C]. In Proc. of ACM MobiSys, 2011: 127-140.

[2] Stevens M, D'Hondt E. Crowdsourcing of pollution data using smartphones[C]. In Workshop on Ubiquitous Crowdsourcing, 2010: 1-4.

[3] Rana R, Chou C, Kanhere S, et al. Ear-phone: an end-to-end participatory urban noise mapping system[C]. In Proc. of ACM/IEEE IPSN, 2010: 105-116.

[4] Thiagarajan A, Ravindranath L, LaCurts K, et al. VTrack: accurate, energy-aware road traffific delay estimation using mobile phones[C]. In Proc. of ACM SenSys, 2009: 85-98.

[5] Sensorly[EB/OL]. http://www.sensorly.com.

[6] Mohan P, Padmanabhan V N, Ramjee R. Nericell: rich monitoring of road and traffific conditions using mobile smartphones[C]. In Proc. of ACM SenSys,

2008：323-336.

[7] Yang D，Xue G，Fang X，et al. Crowdsourcing to smartphones: incentive mechanism design for mobile phone sensing[C]. In Proc. of ACM MobiCom，2012：173-184.

[8] Duan L，Kubo T，Sugiyama K，et al. Incentive mechanisms for smartphone collaboration in data acquisition and distributed computing[C]. In Proc. of IEEE INFOCOM，2012：1701-1709.

[9] Danezis G，Lewis S，Anderson R. How much is location privacy worth[C]. In Proc. of WEIS，2005：5.

[10] Lee J，Hoh B. Sell your experiences: a market mechanism based incentive for participatory sensing[C]. In Proc. of IEEE PerCom，2010：60-68.

[11] Jaimes L，Vergara-Laurens I，Labrador M. A location-based incentive mechanism for participatory sensing systems with budget constraints[C]. In Proc. of IEEE PerCom，2012：103-108.

[12] Hajiaghayi M T，Kleinberg R，Parkes D C. Adaptive limited-supply online auctions[C]. In Proc. of ACM EC，2004：71-80.

[13] Bar-Yossef Z，Hildrum K，Wu F. Incentive-compatible online auctions for digital goods [C]. In Proc. of ACM-SIAM SODA，2002：964-970.

[14] Singer Y. Budget feasible mechanisms[C]. In Proc. of IEEE FOCS，2010：765-774.

[15] Bateni M，Hajiaghayi M，Zadimoghaddam M. Submodular secretary problem and extensions[C]. In Proc. of APPROX-RANDOM，2010：39-52.

[16] Khullera S，Mossb A，Naor J. The budgeted maximum coverage problem[J]. Information Processing Letters，1999，70：39-45.

[17] Sheng X，Tang J，Zhang W. Energy-effifficient collaborative sensing with mobile phones[C]. In Proc. of IEEE INFOCOM，2012：1916-1924.

第8章

节俭型在线激励机制

8.1 引　言

充足的用户参与是保证移动群智感知应用获得满意服务质量的重要因素。目前的大部分移动群智感知应用忽略了该问题,仅仅利用少量志愿者参与感知活动进行小规模的实验。然而,当用户连续参与一个移动群智感知应用时,会消耗他们所携带的感知设备的电池能量、计算、存储、通信等各种资源,并且有暴露他们的位置和其他隐私信息的威胁。因此,必须设计合理的激励机制对用户参与感知所付出的成本进行补偿,才能保证足够的参与用户数量,从而保证所需的数据收集质量。最近,许多研究学者提出了各种激励机制,其中大部分仅仅适用于离线场景,如图 8-1(a)所示。具体来说,所有感兴趣用户事先提交他们的属性信息(包括他们可以完成的任务及对应的报价)给任务发起者,然后任务发起者在得知所有用户的属性信息后,从中选择一个用户子集使其达到特定的激励目标。一般来说,根据激励目标不同可将激励机制划分为两类:一类是预算可行型激励机制,即在指定的预算约束下最大化任务发起者获得的价值;另一类是节俭型激励机制,即在指定任务被完成情况下最小化任务发起者所支付的总报酬。

然而,在现实应用中,用户总是在不同时间以随机顺序逐一在线到达的,并且用户的可用性是随着时间而变化的,这在本质上反映了人的移动性的机会特征。例如,

Sensorly[1] 或 Earphone[2] 应用在用户机会地到达感兴趣区域时,将任务分配给用户来感知 Wi-Fi 信号或环境噪声从而构建 Wi-Fi 信号强度分布图或环境噪声分布图。因此,必须设计一种在线的激励机制,在不同时间根据当前已到达用户的属性信息来做出是否选择当前用户的决策,并且该决策一旦确定是不可挽回的,如图 8-1(b)和图 8-1(c)所示。

最近,预算可行型在线激励机制已经得到了一些研究[3-5],包括我们的前期工作[5],而对节俭型在线激励机制仍缺乏研究。因此,在本章中,我们将重点关注节俭型在线激励机制。具体来说,我们考虑如下问题:任务发起者需要在指定的截止时间之前选择一个用户集,使其在完成指定个数的任务条件下付给这些用户的总报酬最小化。此外,每个用户的感知成本和到达/离开时间是只有自己知道的隐私信息,并且假定每个用户是一个博弈者,总是寻求一个对自己有利的策略(可能谎报自己的感知成本或到达/离开时间)来最大化他的个人收益。因此,我们将该问题构建为一个在线拍卖模型,并设计在线激励机制使其满足五个重要特性:①计算有效性,即机制能实现实时决策;②个人合理性,即每个被选择用户得到的报酬应不小于所付出的成本;③真实性,包括成本真实性和时间真实性两方面,前者是指每个用户的报价应该等于其真实成本,而后者是指每个用户所报告的到达/离开时间应该也等于其真实时间,并且只有在这种情况下才能获得最好的收益;④消费者主权性,即不能随意排除一个用户,使得每个用户都有赢得拍卖的机会;⑤常数节俭性,即保证任务发起者所付出的总报酬应接近于在相应的离线场景下所获得的最优解。

本章中,我们将从三个角度调查不同的用户模型:①根据每个用户的到达时间和离开时间的间隔,调查图 8-1(b)所示的零"到达-离开"间隔模型和图 8-1(c)所示的一般间隔模型;②根据每个用户可以完成的任务个数,调查同质用户模型和异质用户模型;③根据用户属性信息的分布,调查独立同分布模型和秘书模型。下面,我们将首先详细介绍各种模型及其问题描述;然后,从用户"到达-离开"间隔角度,分别提出适用于零"到达-离开"间隔模型的节俭型在线激励机制 Frugal-OMZ 和适用于一般间隔模型的节俭型在线激励机制 Frugal-OMG,同时这两种机制均可应用于从另外两个角度考虑的其他各种用户模型;最后,通过仿真实验验证所提出的两种激励机制的有效性。

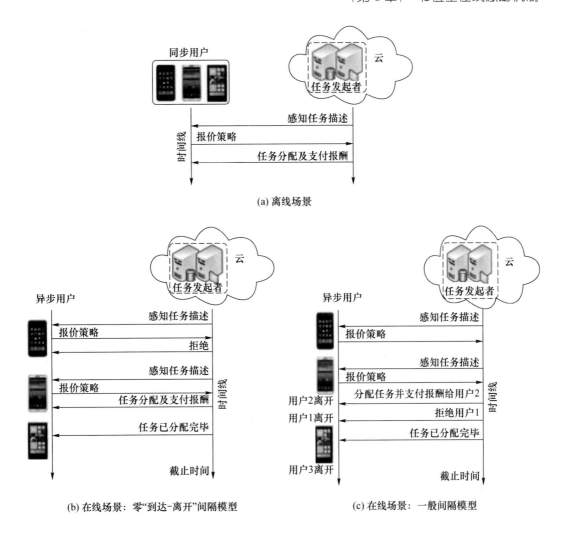

图 8-1　离线场景与在线场景对比示意图

8.2　节俭型在线激励问题描述

8.2.1　系统模型

如图 8-1 所示,一个移动群智感知系统由一个任务发起者和一群移动用户构成,其中任务发起者是移动群智感知活动的组织者,可能通过一个包含多个感知服务器的云平台与用户进行交互并收集和存储感知数据,而移动用户是移动群智感知活动的参与者,可以通过移动蜂窝网络、Wi-Fi 热点连接等无线通信方式与任务发起者进行通信并上传感知数据。任务发起者和参与用户的基本交互过程如下:首先,任务发起者针对某项移动群智感知活动发布一些感知任务;其次,对所发布感知任务感兴趣的用户将自己的属性信息报告给任务发起者;最后,任务发起者根据用户的属性信息选择一个用户子集来执行任务,并使其所付出的总报酬最小化。图 8-1(a)显示了一个离线场景,其中所有参与用户同步地报告各自的属性信息给任务发起者,然后任务发起者在收集了所有用户信息后一次性地做出任务分配的决策。与离线场景的批量化和同步化方式不同,在线场景的交互过程是顺序化和异步化的,如图 8-1(b)和图 8-1(c)所示。本书关注在线场景。具体来说,我们假定任务发起者需要在指定的截止时间 T 之前有 $L \in \mathbb{N}^+$ 个任务被完成,而一群感兴趣的用户 $U = \{1, 2, \cdots, n\}$ 以随机顺序逐一在线到达。每个用户 $i \in U$ 有一个到达时间 $a_i \in (0, T]$,一个离开时间 $d_i \in (0, T]$,$d_i \geqslant a_i$,一个可以完成的任务个数 τ_i,以及完成单个任务的成本 $c_i \in \mathbb{R}^+$。这些信息构成用户 i 的真实属性 $\theta_i = (a_i, d_i, \tau_i, c_i)$[①]。一旦接收到用户 i 的属性信息,任务发起者必须在该用户离开之前确定分配给他的任务个数及价格。任务发起者需要在截止时间前或者所有任务分配完毕前对所到达的用户逐一做出决策。

8.2.2 用户模型

首先,根据用户的到达时间与离开时间的间隔考虑以下两种模型。

(1) 零"到达-离开"间隔模型:每个用户的到达时间等于他的离开时间。

(2) 一般间隔模型:对用户的"到达-离开"时间间隔没有限制(可以是零,也可以是非零)。

零"到达-离开"间隔模型适用于要求及时决策的移动群智感知应用,如图 8-1(b)所示。这里以室内定位应用 LiFS[6] 为例:用户在进入某个建筑之前得知收集室内 Wi-Fi 指纹的感知任务,然后将自己的属性报告给任务发起者,由于用户不希望在该建筑内购物或者工作时被打扰,因而希望任务发起者立刻做出决策。相比之下,如果允许任务发起者将决策时间推迟到用户离开时,则可以考虑一般间隔模型,如图 8-1(c)所示。例如,一个正在悠闲地享用咖啡的用户可能有耐心等待任务发起者在某个时间间隔后再做出决策。

因此,根据用户属性信息的分布考虑如下两种模型。

---

① 注意,用户可能会在在线拍卖模型中报告不真实的属性,详情见 8.2.3 节。

（1）同质用户模型：每个用户仅能完成一个任务。

（2）异质用户模型：不同用户可以完成不同个数的任务。

很明显，前者是后者的一个特例。对于前者，我们将用户 i 属性信息表示为 $\theta_i = (a_i, d_i, 1, c_i)$。这种用户模型可以用于原子型任务，例如，移动应用 Gigwalk[7] 招募在购物商场里的用户进行消费者调查，这里每个用户仅能完成一个调查问卷。相比之下，异质用户模型可以用于可分割型任务，例如，微软公司通过 Gigwalk[7] 招募用户拍摄全景图并将其加入 Bing 地图的搜索结果中，这里不同用户可能拍摄不同数目的照片。再者，室内定位应用 LiFS 招募用户收集室内 Wi-Fi 指纹，不同的用户收集的指纹数目以及工作时长都可能会有所不同。

根据用户的分布，存在两种极端建模情况：一种是"无视敌手"模型（oblivious adversarial model），即存在一个敌手既可以决定用户完成任务的个数及对应单位成本，也可以决定用户到达顺序，并从中选择一个最差情况。这样会产生一种消极后果，即任何在线机制都无法实现持续的竞争力[8]。但是这种模型在正常群智感知应用中是无须考虑的。另一种极端情况是，存在一个用户序列，其中的用户可以完成的任务数量以及各自对应的单位成本都服从独立同分布模型。这种情况可以通过使用动态规划得到最优策略，但是其假设已知量太多，以至于并不实用。因此，根据用户属性信息的分布考虑如下两种模型。

（1）独立同分布模型（i.i.d. model）：用户可以完成的任务个数及对应的单位成本均服从某种未知的独立同分布模型。

（2）秘书模型（secretary model）：存在一个敌手可以决定用户可以完成的任务个数及对应的单位成本，但不能决定用户出现的时间顺序。

事实上，前者是后者的一个特例，因为我们可以首先根据某种未知分布选择一个用户完成任务个数及对应单位成本的集合，然后对该集合元素进行随机排列，从而得到用户序列。另外需说明的是，这两种模型不同于"无视敌手"模型，即存在一个敌手既可以决定用户完成任务的个数及对应单位成本，也可以决定用户到达顺序，并从中选择一个最差情况。

8.2.3 在线拍卖模型

在线拍卖模型假定用户是博弈者，倾向于通过制定某种策略来最大化个人收益。在该模型中，每个用户的感知成本和到达/离开时间是他的个人隐私信息，只有他所宣称的可以完成的任务个数必须是真实的，因为任务发起者可以判断是否宣称的任务被完成。

也就是说,用户可能谎报除了所完成的任务个数之外的其他任何属性信息。因此,用户 i 可以制定一个可能与真实属性不一致的策略属性 $\hat{\theta}_i = (\hat{a}_i, \hat{d}_i, \tau_i, b_i)$,其中 $a_i \leqslant \hat{a}_i \leqslant \hat{d}_i \leqslant d_i, b_i$ 是用户 i 对于单个任务的报价。为了完成指定的感知任务,任务发起者需要设计一个在线激励机制 $M = (f, p)$,包含一个任务分配函数 f 和一个支付函数 p。对于某个策略属性序列 $\hat{\theta} = (\hat{\theta}_1, \cdots, \hat{\theta}_n)$,任务分配函数 $f(\hat{\theta})$ 将所有任务分配给一个用户子集 $S \subseteq U$,而支付函数 $p(\hat{\theta})$ 确定支付给每个被选择用户的报酬。具体来说,该机制给每个被选择用户 $i \in S$ 分配 f_i 个任务,其单位任务的价格为 p_i。因此,对于同质用户模型,用户 i 的效用可以表示为

$$u_i = \begin{cases} p_i - c_i, & \text{if } i \in S \\ 0, & \text{otherwise} \end{cases} \tag{8-1}$$

对于异质用户模型,用户 i 的效用则可表示为

$$u_i = \begin{cases} f_i(p_i - c_i), & \text{if } i \in S \\ 0, & \text{otherwise} \end{cases} \tag{8-2}$$

在同质用户模型中,任务发起者的目标是在截止时间前选择 L 个用户的条件下使其支付的报酬最小化,即

$$\text{Minimize} \sum_{i \in S} p_i \text{ subject to } |S| = L \tag{8-3}$$

在异质用户模型中,任务发起者的目标是在截止时间前分配 L 个任务的条件下使其支付的报酬最小化,即

$$\text{Minimize} \sum_{i \in S} f_i p_i \text{ subject to } \sum_{i \in S} f_i = L \tag{8-4}$$

8.2.4 机制设计目标

我们所设计的在线激励机制需要满足如下五个重要特性。

(1) 计算有效性:要求用户任务分配和支付确定的决策可以在多项式时间内计算。

(2) 个人合理性:要求每个参与用户的效用非负,即 $u_i \geqslant 0$。

(3) 真实性:要求报告真实的成本和到达/离开时间是每个用户的占优策略,相应的属性可分别称为"成本真实性"和"时间真实性"(统称为"真实性")。换句话说,没有用户可以通过单方面地谎报自己的成本或到达/离开时间来达到提高自身效用的目的。

(4) 消费者主权性:要求不能随意将任何一个用户排除在外,也就是说,任意用户只

要报价足够低,都有机会在拍卖中胜出。

(5) 常数节俭性:理想情况下的目标是最小化任务发起者支付的总报酬。尽管在在线场景下不可能获得最优解,我们希望能在完成所有任务的情况下所支付的总报酬尽可能少,即达到“节俭性”。理想情况下,我们希望所支付的总报酬与离线场景下的最优解相比能获得常数近似比,称该目标为“理想节俭性”。然而,即使在离线场景下,也没有任何满足真实性的机制能够同时满足该目标[①]。因此,我们使用一个更现实的目标,称之为“现实节俭性”。具体来说,我们使用“节俭比”来度量节俭性:给定一个需要完成的任务个数 L,如果一个机制能保证在完成所有任务的情况下,所支付的总报酬不高于在离线场景下完成 aL 个任务所支付的总报酬,则称该机制的节俭比为 a。因此,我们的目标是使所设计的在线机制具有常数节俭比,即满足常数节俭性。

前两个特性确保机制可以实时运行并且满足平台和用户的基本需求。同时,后三个特性用来保证机制的高性能和稳健性,因而也是不可或缺的。其中,真实性旨在消除对市场操作的担心,以及避免参与用户制定博弈策略的负担;消费者主权性旨在保证每个参与用户都有机会赢得拍卖并获得报酬,否则将会阻碍用户的竞争,甚至造成任务饥渴。另外,如果一些用户肯定不能赢得拍卖,则意味着这些用户是否诚实地报告自己的成本或到达/离开时间都会有相同的结果。稍后我们将说明在离线场景下满足消费主权性是无关紧要的事情,而在线场景下并非如此。最后,我们强调本章的节俭不同于社会有效性,社会效益旨在使用户的总成本而不是总支出最小化。

8.3 零“到达-离开”间隔模型下的节俭型在线激励机制

本节中,我们考虑零“到达-离开”间隔模型,这种模型下,每个用户是没有耐性的,一旦接收到该用户的策略属性就必须立刻做出决策。同时,在这种模型下,时间真实性则可以忽略,因为用户离开后就不可能再做任何感知任务来获取任何报酬,也就没有激励去谎报一个比真实到达时间更晚的到达时间或一个比真实离开时间更早的离开时间。为此,我们提出一个在线激励机制 Frugal-OMZ,使其满足除时间真实性之外的五个所需特性。在下节中我们将进一步修改该机制从而得到一个新的机制使其在一般间隔模型

---

① 一个典型的案例:有一个用户可以用很低的成本 c 完成所有的任务,而其他用户需要用很高的成本 C 才能完成所有任务。不难看出,任何真正的机制都需要至少支付报酬 C 才能完成全部任务,因此,应使总报酬与最低成本之比不受限制。

下能满足包括时间真实性在内的五个所需特性。为了方便理解,本节中同时假定没有任何两个用户有相同的到达时间,该假定也可以根据下节所提出的改进机制进行去除。

8.3.1 机制设计

机制设计需要克服如下三个挑战:首先,用户的成本是未知的,我们需要用户以真实的方式进行报价;其次,在截止时间之前需要完成一定数量的任务;最后,需要能够处理在线到达的用户。在同质用户模型中,如果不考虑真实性,则机制设计问题在本质上变成了一个"k-选择秘书问题"。目前有两个现有方案[9,10]可以达到常数近似性,并且可以应用于在线拍卖使其满足真实性。然而,它们都不能保证消费者主权性。第一个方案[9]采用一个两阶段的"采样-接收"过程,即自动拒绝所有第一批用户,并将其作为样本进行学习,从而制定是否接收剩余用户的决策。在这种方案中,第一批用户不管成本多低都不可能在拍卖中获胜。这将带来一些不好的效应,即那些早到的用户没有任何激励去参与报价,因而会阻碍竞争甚至造成任务饥渴。尽管第二个方案[10]采用了一个多阶段"采样-接收"过程,但在第一个阶段它采用了一个用于经典秘书问题的 Dynkin 算法[11],依旧采用了两阶段"采样-接收"过程,因而依然不能保证消费者主权性。此外,这两个方案都既不能用于异质用户模型,也不能保证节俭性,因为它们只是倾向于选择低成本用户来优化社会有效性(social efficiency),并不考虑所支付的总报酬大小。

为了应对上述挑战,我们采用一个多阶段"采样-接收"过程来设计在线激励机制 Frugal-OMZ,如算法 8.1 所示,使其满足所有所需特性,并且可同时用于同质用户模型和异质用户模型。基本原理是动态扩大样本规模来不断学习新的报价阈值用于决策,同时增加每个阶段分配的阶段任务个数。具体来说,我们将时间 T 划分为($\lfloor \log_2 T \rfloor + 1$)个阶段 $\{1, 2, \cdots, \lfloor \log_2 T \rfloor + 1\}$。第 m 个阶段的结束时间步为 $T' = \lfloor 2^{m-1} T / 2^{\lfloor \log_2 T \rfloor} \rfloor$,其相应的阶段任务数设置为 $L' = 2^{m-1} L / 2^{\lfloor \log_2 T \rfloor}$,表明 L' 个任务应当在该阶段结束前被分配完。最终,L 个任务将在截止时间前被分配完。

图 8-2 示意当 $T=8$ 时的情况。每当一个阶段结束时,将所有已到达用户放置于样本集 S' 中,并根据当前样本集及所分配的阶段任务数 L' 使用 GetBidThreshold 算法(稍后介绍)计算一个报价阈值 b^*,用于下一阶段中的用户决策。当最后一个阶段 $m = \lfloor \log_2 T \rfloor + 1$ 到来之前,我们根据时间步 $\lfloor T/2 \rfloor$ 之前到达的所有用户策略信息及所分配的阶段任务数 $L/2$ 计算报价阈值用于最后一个阶段的决策。

算法 8.1 零"到达-离开"间隔模型下的节俭型在线激励机制（Frugal-OMZ）

Input: Task number L, deadline T
1 $(t, T', L', \mathcal{S}', b^*, \mathcal{S}) \leftarrow (1, \frac{T}{2^{\lfloor \log_2 T \rfloor}}, \frac{L}{2^{\lfloor \log_2 T \rfloor}}, \varnothing, \beta, \varnothing)$;
2 **while** $t \leqslant T$ **do**
3   **if** there is a user i arriving at time step t **then**
4   **if** $b_i \leqslant b^*$ and $\sum_{j \in \mathcal{S}} f_j < L'$ **then**
5        $f_i \leftarrow \min\{\tau_i, L' - \sum_{j \in \mathcal{S}} f_j\}$; $p_i \leftarrow b^*$;
6        $\mathcal{S} \leftarrow \mathcal{S} \cup \{i\}$;
7   **else**
8        $f_i \leftarrow 0$; $p_i \leftarrow 0$;
9   **end**
10      $\mathcal{S}' \leftarrow \mathcal{S}' \cup \{i\}$;
11   **end**
12   **if** $t = \lfloor T' \rfloor$ **then**
13      $b^* \leftarrow$ **GetBidThreshold**$(L', \mathcal{S}')$;
14      $T' \leftarrow 2T'$; $L' \leftarrow 2L'$;
15   **end**
16    $t \leftarrow t + 1$;
17 **end**

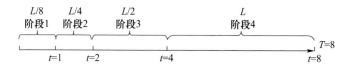

图 8-2 $T=8$ 时的多阶段"采样-接收"过程示意图

每当一个新的用户 i 到达时，如果他的报价不大于当前的报价阈值 b^*，并且所分配的阶段任务数 L' 还没有达到，则为该用户分配的任务个数为

$$f_i = \min\left\{\tau_i, L' - \sum_{j \in \mathcal{S}} f_j\right\} \tag{8-5}$$

同时，支付给该用户的单个任务价格为

$$p_i = b^* \tag{8-6}$$

并且将该用户放置到选择用户集 S 中。此外，对于第一个阶段我们设置一个较大的报价阈值 β[①] 作为初始值进行决策。

Frugal-OMZ 机制的关键是计算一个合适的报价阈值来达到好的节俭性。现有的预算可行型激励机制设计问题与节俭型激励机制设计问题比较类似，其区别是支付的总报酬是约束条件而不是一个目标函数。为此，我们尝试利用预算可行型机制。具体来说，可以动态地学习一个足够使用户完成特定个数任务的预算，然后使用预算可行型机制计算一个报价阈值来辅助后面的决策。

---

① β 的值可以被设置为基于群智感知在实际应用中的最大可能报价。

算法 8.2 显示报价阈值计算过程。首先,我们从样本集 S' 中计算出执行 $\delta L'$ 个任务所需的最小成本,如算法 8.2 的第 1～6 行所示,可以对用户的报价进行排序,并使用贪婪算法优先分配任务给报价较低的用户,直到所有 $\delta L'$ 个任务分配完毕。这里,我们设置 $\delta > 1$ 来对所需预算进行一个稍高的估计,而 δ 值的设定是一个关键难题:如果 δ 太小,则下一阶段所设置的预算将可能不够分配所需个数的任务;反之,如果 δ 太大,则会浪费预算,从而导致一个较坏的节俭性。稍后,我们将巧妙地固定 δ 值来达到一个常数节俭比。其次,我们使用执行 $\delta L'$ 所需的总报酬作为预算 B(见算法 8.2 的第 7 行),并基于样本集 S' 使用预算可行型机制(见算法 8.2 的第 8 行)计算出报价阈值。

算法 8.2　GetBidThreshold

Input: Stage-task-number L', sample set S'
1　$J \leftarrow \varnothing$; $i \leftarrow \arg\min_{j \in S'} b_j$;
2　**while** $\sum_{j \in J} f_j < \delta L'$ **do**
3　　$f_i \leftarrow \min\{\tau_i, \delta L' - \sum_{j \in J} f_j\}$;
4　　$J \leftarrow J \cup \{i\}$;
5　　$i \leftarrow \arg\min_{j \in S' \setminus J} b_j$;
6　**end**
7　$B \leftarrow \sum_{j \in J} f_j b_j$;
8　$p \leftarrow$ **BudgetFeasibleMechanism**(B, S');
9　**return** p;

这里采用的预算可行型机制是一个离线机制[3],如算法 8.3 所示,采用一个贪婪策略。首先,基于报价对所有用户进行排序:$b_1 \leqslant b_2 \leqslant \cdots \leqslant b_{|S'|}$。当给定一个价格 $p = b_i$ 及剩余预算 $B - p \sum_{j \in J'} f_j$,用户 i 可以分配的任务个数为:$f_i = \min\{\tau_i, \lfloor B/p \rfloor - \sum_{j \in J'} f_j\}$。然后我们可以找到最大的 k 使其满足 $b_k \leqslant (B/(\sum_{j=1}^{k-1} f_j + 1))$。则选择用户集合为:$J' = \{1, 2, \cdots, k\}$。最终,可以将报价阈值设置为 b_k。该机制本质上遵从一个“按比分享分配原则”,其具备的一个好的特征是,它可以设置一个价格使其足够高从而使足够多的用户接受,同时又足够低使预算可以被合理利用。

算法 8.3　Budget Feasible Mechanism[3]

Input: Budget constraint B, sample set S'
1　$J' \leftarrow \varnothing$; $i \leftarrow \arg\min_{j \in S'} b_j$;
2　**while** $b_i \leqslant \frac{B}{\sum_{j \in J'} f_j + 1}$ **do**
3　　$p \leftarrow b_i$;
4　　$f_i \leftarrow \min\{\tau_i, \lfloor \frac{B}{p} \rfloor\} - \sum_{j \in J'} f_j$;
5　　$J' \leftarrow J' \cup \{i\}$;
6　　$i \leftarrow \arg\min_{j \in S' \setminus J'} b_j$;
7　**end**
8　**return** p;

接下来,我们使用一个例子来说明 Frugal-OMZ 机制如何工作。

例 8.1 考虑一个任务发起者所需完成的任务数量 $L=8$,截止时间为 $T=8$。有 5 个用户在截止时间前逐一在线到达,这 5 个用户的具体属性分别为: $\theta_1=(1,1,4,2)$, $\theta_2=(2,2,4,4)$, $\theta_3=(4,4,4,5)$, $\theta_4=(6,6,4,1)$, $\theta_5=(7,7,4,3)$。

我们设置 $\beta=5, \delta=2$。那么 Frugal-OMZ 机制的工作过程如下。

- $t=1$: $(T',L',S',b^*,S)=(1,1,\varnothing,5,\varnothing)$,因此 $f_1=1$, $p_1=5$, $S=\{1\}$, $S'=\{1\}$。更新报价阈值: $b^*=2$。

- $t=2$: $(T',L',S',b^*,S)=(2,2,\{1\},2,\{1\})$, $f_2=0$, $p_2=0$, $S=\{1\}$, $S'=\{1,2\}$。更新报价阈值: $b^*=2$。

- $t=4$: $(T',L',S',b^*,S)=(4,4,\{1,2\},2,\{1\})$,因此 $f_3=0$, $p_3=0$, $S=\{1\}$, $S'=\{1,2,3\}$。更新报价阈值: $b^*=4$。

- $t=6$: $(T',L',S',b^*,S)=(8,8,\{1,2,3\},4,\{1\})$,因此 $f_4=4$, $p_4=4$, $S=\{1,4\}$, $S'=\{1,2,3,4\}$。

- $t=7$: $(T',L',S',b^*,S)=(8,8,\{1,2,3,4\},4,\{1,4\})$,因此 $f_5=3$, $p_5=4$, $S=\{1,4,5\}$, $S'=\{1,2,3,4,5\}$,最终选择用户集为: $S=\{1,4,5\}$,三个被选择的用户花费分别为 5,16,12。

8.3.2 机制分析

由于本章所设计的 Frugal-OMZ 机制与上一章的 OMZ 机制采用了相似的算法框架,则可容易推断出 Frugal-OMZ 机制满足前面所述的前四个重要特性:计算有效性、个人合理性、成本真实性、消费者主权性,其详细证明过程不再赘述。需要特别指出的是,算法 8.2 的复杂度为 $O(n \min\{L,n\})$,并且当 n 非常大时将随着 n 线性增长。虽然如此,这里最大的挑战是通过在算法 8.2 中巧妙地设置 δ 值,能证明 Frugal-OMZ 机制可以在独立同分布模型和秘书模型下达到常数节俭比。

既然 Frugal-OMZ 机制包含多个阶段,并且动态增加阶段任务数,那么我们仅需证明在最后一个阶段可以完成 $L/2$ 个任务,同时所支付的总报酬不大于预算 B。由于根据算法 8.2,最后一个阶段预算 B 是执行 $\delta L'=\delta L/2$ 个任务的最小成本,因此在这种情况下,节俭比是 δ。为了便于分析,我们将算法 8.1 中每个阶段的阶段任务数限制改变为相应的预算限制。具体来说,在算法 8.1 的第 4 行,将条件 $\sum_{j \in S} f_j < L'$ 替换为 $\sum_{j \in S} p_j f_j < B$,同时在算法 8.1 的

第 5 行,将任务分配由 $f_i \leftarrow \min\{\tau_i, L' - \sum_{j \in S} f_j\}$ 替换为 $f_i \leftarrow \min\{\tau_i, \lfloor(B - \sum_{j \in S} p_i f_j)/b^*\rfloor\}$,从而可以获得算法 8.1 的一个变种,称为 Frugal-OMZ-Var 机制。因此,为了证明 Frugal-OMZ 机制的节俭比是 δ,仅需证明下面的引理。

引理 8.1 如果在 Frugal-OMZ-Var 机制中最后一个阶段在预算 B 的约束下分配的任务数不少于 $L/2$,则在 Frugal-OMZ 机制中最后一个阶段将能分配 $L/2$ 个任务而支付的总报酬不多于 B。

证明:这两种机制的本质区别在于"while"循环的结束条件:Frugal-OMZ-Var 机制中以预算 B 为结束条件,而 Frugal-OMZ 机制以任务 L 为结束条件。接下来,我们只分析最后一个阶段。根据假设,在 Frugal-OMZ-Var 机制中在预算 B 的限制下,所分配的任务数量不小于 $L/2$,这意味着 Frugal-OMZ-Var 机制比 Frugal-OMZ 机制有更宽松的结束条件。也就是说,在 $L/2$ 个任务被分配之前,两种机制的执行过程相同。当 $L/2$ 个任务已经被分配,在 Frugal-OMZ-Var 机制下预算 B 并没有消耗完。因此,可以推导出在 Frugal-OMZ-Var 机制下,当 $L/2$ 个任务被分配完时,其总支出不超过预算 B。 □

因此,问题可以转化为证明在 Frugal-OMZ-Var 机制中最后一个阶段在预算 B 的约束下分配的任务数不少于 $L/2$。在下面的分析中,我们将关注 Frugal-OMZ-Var 机制。

为了方便分析,首先引入几个符号和概念。令 Z 表示基于 T 之前到达的用户集 U 和预算 $2B$ 由算法 8.3 获得的选择用户集,其报价阈值为 p;令 S' 表示当阶段 $\lfloor\log_2 T\rfloor$ 结束时获得的样本集,由 $\lfloor T/2\rfloor$ 时间之前到达的用户组成;令 Z_1 和 Z_2 分别表示出现在第一批和第二批的 Z 的子集,因此有 $Z_1 = Z \cap S'$,$Z_2 = Z \cap \{U \setminus S'\}$;令 Z_1' 表示基于样本集 S' 和预算 B 由算法 8.1 计算出的选择用户集,其报价阈值为 p_1';令 Z_2' 表示在最后一个阶段由算法 8.1 计算出的选择用户集;分配给选择用户集 X 的任务数表示为函数 $f(X) = \sum_{i \in X} f_i$。

在正式分析节俭性之前,我们先引进关于算法 8.3 的一个引理。

引理 8.2(文献[3]中的引理 8.1) 给定一个用户样本集,令 L 表示在指定预算下可以分配的最大任务数,那么在该预算下根据算法 8.3 计算的价格可以分配的任务数不小于 $L/2$。

根据引理 8.2 可知,$f(Z_1') \geqslant \delta L'/2 = \delta L/4$。

我们可在独立同分布模型下证明如下引理。

引理 8.3 当 $\delta = 2$ 时,在独立同分布模型下满足 $E[f(Z_2')] \geqslant L/2$。

证明:既然所有用户的成本和所能完成的任务数量是独立同分布的,那么他们将以相同概率被选中到集合 Z 中。如果所有用户以随机顺序到达,那么样本集 S' 是用户集 U 的一个随机子集。所以,样本集 S' 中来自集合 Z 的用户个数服从一个超几何分布 $H(n/2, |Z|, n)$。因此,我们有 $E[|Z_1|] = E[|Z_2|] = |Z|/2$。每个用户被分配的任务数量可以看作一个独立同分布的随机变量,并且由于 $f(X)$ 是一个线性函数,可以推导出: $E[f(Z_1)] = E[f(Z_2)] = E[f(Z)]/2$。支付给集合 Z_1 和 Z_2 中用户的总报酬的期望都是 B。既然 $f(Z_1')$ 是在阶段预算为 B 的情况下计算出的,可以推导出: $E[f(Z_1')] = E[f(Z_1)] = E[f(Z)]/2$,并且 $E[p_1'] = E[p_1]$。

根据在最后一个阶段支付给选择用户的总报酬,我们考虑以下两种情况。

情况 1:支付给用户的总报酬超出预算 B。在这种情况下,由于每个任务支付给每个被选中的用户总报酬是 p_1',我们有

$$f(Z_2') = \frac{B}{p_1'} \geqslant f(Z_1') \geqslant \frac{\delta L}{4} \geqslant \frac{L}{2} \tag{8-7}$$

这里的第一个不等式是由于总报酬 Z_1' 应该不大于预算 B(根据 $p_1' f(Z_1') \leqslant B$)。

情况 2:支付给用户的总报酬没有超出预算 B。由于 $E[p_1'] = E[p]$,对于每个用户 $i \in Z_2$ 将会被分配到 Z_2' 中,可以得出

$$E[f(Z_2')] = E[f(Z_2)] \geqslant L/2 \tag{8-8}$$

结合情况 1 和情况 2,我们得出在最后一个阶段所分配的任务数量的期望值应不小于 $L/2$。 □

与独立同分布模型有所不同,在秘书模型下,令 Z 表示基于 T 之前到达的用户集 U 和预算 B 由算法 8.3 获得的选择用户集,其他符号和概念保持不变。此外,假定每个用户可以完成的任务数最多为 $f(Z)/\omega$。为了便于分析,我们引入如下引理。

引理 8.4(文献[12]中的引理 16) 对于充分大的 ω,随机变量 $|f(Z_1 - Z_2)|$ 在常数概率下以 $f(Z)/2$ 为上界。

由于 $f(X)$ 是一个线性函数,我们有 $f(Z_1) + f(Z_2) = f(Z)$。因此,可以由引理 8.4 扩展到下面的推论。

推论 8.1 对于充分大的 ω, $f(Z_1)$ 和 $f(Z_2)$ 都以常数概率大于等于 $f(Z)/4$。

基于以上引理或推论我们可以在秘书模型下证明如下引理。

引理 8.5 对于充分大的 ω,当 $\delta = 8$ 时,在秘书模型下以常数概率满足 $f(Z_2') \geqslant L/2$。

证明:根据在最后一个阶段支付给选择用户的总报酬,我们考虑以下两种情况。

情况 1：支付给用户的总报酬超出预算 B。在这种情况下，由于每个任务支付给每个被选中的用户价格是 p_1'，我们有

$$f(Z_2') = \frac{B}{p_1'} \geq f(Z_1') \geq \frac{\delta L}{4} \geq 2L \tag{8-9}$$

这里的第一个不等式是由于总报酬 Z_1' 应该不大于预算 B（根据 $p_1' f(Z_1') \leq B$）。

情况 2：支付给用户的总报酬没有超出预算 B。由于 p_1' 是在一个比 p 更小的子集上计算的，所以 $p_1' \geq p$。因此，对于每个用户 $i \in Z_2$，可以得出 $b_i \leq p \leq p_1'$，并且所有在 Z_2 中的用户将会被分配。可以得出

$$f(Z_2') \geq f(Z_2) \geq \frac{f(Z)}{4} \geq \frac{f(Z_1')}{4} \geq \frac{L}{2} \tag{8-10}$$

第一个不等式源于推论 8.1，第三个不等式源于 $f(Z)$ 是在整个用户集 U 上计算的，而 $f(Z_1')$ 是从更小的样本集 S' 上计算的，并且它们都有相同的预算 B。

结合情况 1 和情况 2，我们得出在最后一个阶段所分配的任务数量在常数概率下应不小于 $L/2$。 □

从上面的分析可知，当设置 δ 的值为分别为 2 和 8 时，Frugal-OMZ 机制可以分别在独立同分布模型和秘书模型下得到节俭比 2 和 8。总之，从上面的分析可以得到如下定理。

定理 8.1 Frugal-OMZ 机制在零"到达-离开"间隔模型下满足常数节俭性。

8.3.3 关于用户到达时间的讨论

如前所述，假如用户在线时间为随机序列。用户到达的过程可以看作一个泊松分布，这已经在许多实际应用场景中得以验证。然而，实际上，用户的到达过程更为复杂。由于各种各样的原因，用户的到达率呈现更加剧烈的变化。例如，由于广告的飞速传播，大量的用户可能会迅速参与到群智感知的活动中，一段时间之后参与用户的数量又会急剧减少，所以到达率也会受到用户移动模式的影响。再如，在白天，人们都处于工作场所中，到了晚上，人们一般会回到居住的地方。在这种情况下，我们需要对我们的机制进行一些调整。一种可能的调整是预设用户总数，而不是截止日期。也就是说，一旦有特定数量的用户到达，该机制就会停止。另一种可能的调整是预测在特定的截止日期前到达的用户总数。然而，这种预测方法超出了本章的范围，或许在将来能够进行研究。对于

这两种调整方式,我们只需执行以下调整策略:首先,我们将最后一个用户的到达时间设置为截止日期;然后,根据用户总数 n 而不是总持续时间 T 修改阶段划分方法,即用户选择过程被分为 $\lfloor \log_2 n \rfloor + 1$ 个阶段:$\{1, 2, \cdots, \lfloor \log_2 n \rfloor, \lfloor \log_2 n \rfloor + 1\}$,当第 $\lfloor 2^{m-1} n / 2^{\lfloor \log_2 n \rfloor} \rfloor$ 个用户离开时,表示第 m 个阶段终止。这样,Frugal-OMZ 机制可以经过简单调整来适用于更多的实际应用场景。

8.4 一般间隔模型下的节俭型在线激励机制

本节中,我们考虑一般间隔模型,同时去除上节的一个假定,即多个在线用户可以同时到达。首先,我们改变例 8.1 中的设置来显示 Frugal-OMZ 机制在一般间隔模型下不满足时间真实性。

例 8.2 除了用户 1 有一个非零的"到达-离开"间隔(即 $a_1 < d_1$)之外,所有其他的设置和例 8.1 相同。特别地,用户 1 的属性为:$\theta_1 = (1, 5, 4, 2)$。

本例中,如果用户 1 报告真实属性,那么根据 Frugal-OMZ 机制,他将获得的报酬为 5。然而,如果用户 1 延迟报告自己的到达时间,报告属性 $\theta_1' = (5, 5, 4, 2)$,那么根据 Frugal-OMZ 机制他将改善自己获得的报酬到 20。接下来,我们将提出一个新的在线激励机制 Frugal-OMG,使其在一般间隔模型下满足上述五个属性,尤其是时间真实性。

总体来说,我们需要根据如下三个原则修订 Frugal-OMZ 机制使其同时满足成本真实性和时间真实性。首先,只有当用户离开时才将其添加到样本集中,否则,当用户的"到达-离开"间隔跨越多个阶段时将破坏报价无关性,因为用户可能会间接影响自己获得的报酬。其次,如果在同一时间有多个在线用户,我们将根据他们可以完成的任务个数(而不是报价)进行排序,并且优先选择能完成更多任务的用户,以此来维护报价无关性。最后,每当一个新的时间步到达时,我们扫描所有在线用户,并且在阶段任务数限制下分配任务给那些报价不大于密度阈值的用户,即使有些用户在更早时间到达。当一个已经被选择过的用户离开时,我们支付给这个用户一个他在整个"到达-离开"间隔内所能获得的最大报酬,即使这个报酬大于他最初被选择时的报酬。

根据上述原则,我们设计了 Frugal-OMG 机制,使其在一般间隔模型下满足所有所需特性,如算法 8.4 所示。具体来说,我们考虑下面两种情况。

算法 8.4　Frugal-OMG 机制

Input: Task Number L, deadline T

1　$(t, T', L', \mathcal{S}', b^*, \mathcal{S}) \leftarrow (1, \frac{T}{2^{\lfloor \log_2 T \rfloor}}, \frac{L}{2^{\lfloor \log_2 T \rfloor}}, \varnothing, \beta, \varnothing)$;

2　**while** $t \leqslant T$ **do**

3　　Place all new users arriving at time step t in a set of online users O; $O' \leftarrow O \setminus \mathcal{S}$;

4　　**repeat**

5　　　$i \leftarrow \arg\max_{j \in O'} \tau_j$;

6　　　**if** $b_i \leqslant b^*$ **and** $\sum_{j \in \mathcal{S}} f_j < L'$ **then**

7　　　　$f_i \leftarrow \min\{\tau_i, L' - \sum_{j \in \mathcal{S}} f_j\}$; $p_i \leftarrow b^*$;

8　　　　$\mathcal{S} \leftarrow \mathcal{S} \cup \{i\}$;

9　　　**else**

10　　　　$f_i \leftarrow 0$; $p_i \leftarrow 0$;

11　　　**end**

12　　　$O' \leftarrow O' \setminus \{i\}$;

13　　**until** $O' = \varnothing$;

14　　Remove all users departing at time step t from O, and place them in $\mathcal{S}'$;

15　　**if** $t = \lfloor T' \rfloor$ **then**

16　　　$b^* \leftarrow$ **GetBidThreshold**$(L', \mathcal{S}')$;

17　　　$T' \leftarrow 2T'$; $L' \leftarrow 2L'$; $O' \leftarrow O$;

18　　　**repeat**

19　　　　$i \leftarrow \arg\max_{j \in O'} \tau_j$;

20　　　　**if** $b_i \leqslant b^*$ **and**
　　　　　$\min\{\tau_i, L' + f_i - \sum_{j \in \mathcal{S}} f_j\} b^* > f_i p_i$ **then**

21　　　　　$f_i \leftarrow \min\{\tau_i, L' + f_i - \sum_{j \in \mathcal{S}} f_j\}$; $p_i \leftarrow b^*$;

22　　　　　**if** $i \notin \mathcal{S}$ **then** $\mathcal{S} \leftarrow \mathcal{S} \cup \{i\}$;

23　　　　**end**

24　　　　$O' \leftarrow O' \setminus \{i\}$;

25　　　**until** $O' = \varnothing$;

26　　**end**

27　　$t \leftarrow t + 1$;

28　**end**

情况 1：当前时间步 t 不是任何阶段的结束时间。在这种情况下，报价阈值保持不变。我们设计机制如算法 8.4 的第 3～14 行所示。首先，放置所有在时间步 t 到达的新用户到一个在线用户集 O 中。其次，按照他们能完成的任务个数从大到小的顺序逐一确定是否分配任务。如果在时间步 t 某个用户 i 已经被选择，则不需要再考虑该用户，因为他不可能再获得一个比之前更高的报酬；否则，需要重新考虑该用户：只要他的报价不大于报价阈值 b^*，并且所分配的阶段任务数 L' 还没有达到，那么将分配他所宣称的任务数给他，同时以单任务价格 $p_i = b^*$ 给该用户支付报酬，并且将他放置在选择用户集 $\mathcal{S}$ 中。最后，将所有在时间步 t 离开的用户从用户集 O 中移除，并放置在样本集 $\mathcal{S}'$ 中。

情况 2：当前时间步 t 恰好是某个阶段的结束时间。在这种情况下，报价阈值将被更新。我们设计机制如算法 8.4 的第 16～25 行所示。我们需要根据用户可以完成的任务个数从大到小逐一确定是否选择他们，并给予什么价格，不管这些用户之前是否被选择过。如算法 8.4 第 20～23 行所示，如果用户 i 可以获得比之前更高的报酬（可能由于该用户被给予了更高的价格,也可能是因为被分配了更多的任务),给他分配的任务数或价格将被更新;同时,如果他之前从来没被选择过,将他放置在选择用户集 S 中。

我们再来重新考虑例 8.2,如果五个用户都如实地报告了他们的真实属性,那么 Frugal-OMG 机制的工作过程如下。

- $t=1$:$(T',B',S',b^*,S)=(1,1,\varnothing,5,\varnothing)$,因此 $f_1=1$,$p_1=5$,$S=\{1\}$,$S'=\varnothing$。更新报价阈值:$b^*=5$。更新用户 1 的任务分配和报酬:$f_1=2$,$p_1=5$。

- $t=2$:$(T',B',S',b^*,S)=(2,2,\varnothing,5,\{1\})$,因此 $f_2=0$,$p_2=0$,$S=\{1\}$,$S'=\{2\}$。更新报价阈值:$b^*=4$。更新用户 1 的任务分配和报酬:$f_1=4$,$p_1=4$。

- $t=4$:$(T',B',S',b^*,S)=(4,4,\{2\},4,\{1\})$,因此 $f_3=0$,$p_3=0$,$S=\{1\}$,$S'=\{2,3\}$。更新报价阈值:$b^*=5$。更新用户 1 的任务分配和报酬:$f_1=4$,$p_1=5$。

- $t=5$:用户 1 离开,所以 $S'=\{1,2,3\}$

- $t=6$:$(T',B',S',b^*,S)=(8,8,\{1,2,3\},5,\{1\})$,因此 $f_4=4$,$p_4=5$,$S=\{1,4\}$,$S'=\{1,2,3,4\}$。此时,8 项任务都已分配完。

- $t=7$:$(T',B',S',b^*,S)=(8,8,\{1,2,3,4\},5,\{1,4\})$,因此 $f_5=0$,$p_5=0$。$S=\{1,4\}$,$S'=\{1,2,3,4,5\}$。

因此,用户 1 在 Frugal-OMG 机制下可以获得的报酬为 20。即使用户 1 延迟报告其到达时间,报告属性为 $\theta_1'=(5,5,4,2)$,他仍然不能获得更高的报酬。因此,时间真实性可以满足一般间隔模型。其基本原理与之前工作[13]类似,因此详细的证明过程省略。此外,我们还可以较容易地推导出 Frugal-OMG 机制满足计算有效性、个人合理性、消费者主权性和常数节俭性,当然 Frugal-OMZ 机制也可以用大致相似的证明步骤推导出上述结论。最后,我们也可知道 Frugal-OMG 机制比 Frugal-OMZ 机制有较高的常数节俭率。

8.5 实验结果与分析

为了验证所提出的激励机制,我们分别实现了 Frugal-OMZ 和 Frugal-OMG 机制,并将它们与下面两个基准机制进行比较。第一个基准机制是知道所有用户属性信息情况下的离线最优机制,它使用如算法 8.2 的第 1～6 行所示的贪婪策略,即根据用户的报价进行排序,然后优先分配任务给报价更低的用户直到所有任务分配完毕。第二个基准机制是采用朴素策略的随机机制,即采用一个随机分配的固定报价阈值进行决策。下面,我们首先在同质用户和零"到达-离开"间隔模型下验证 Frugal-OMZ 机制,然后在异质用户模型下同时验证 Frugal-OMZ 和 Frugal-OMG 机制。

8.5.1 同质用户和零"到达-离开"间隔模型下的仿真验证

仿真设置:我们设置截止时间 $T = 1\,800$ s,并设置需要完成的任务个数 L 从 100 开始,以 100 为增量逐渐增加到 400。用户到达过程使用到达率为 $\lambda = 0.6$ 的泊松过程进行模拟。对于每个用户 $i \in U$,设置 $a_i = d_i, \tau_i = 1, c_i \sim U[1, 10]$(表示均匀分布)。对于 Frugal-OMZ 机制,我们分别设置 $\delta = 1$ 和 $\delta = 2$,并且 $\beta = 10$。如引理 8.3 所示,当 $\delta = 2$ 时 Frugal-OMZ 机制满足常数节俭性,而我们设置 $\delta = 1$ 是为了比较。对于最优离线机制,我们分别计算执行 L 个任务和 $2L$ 个任务所需的最小成本来获得理想节俭性和现实节俭性框架下各自的节俭比。对于随机机制,我们仿真 50 次取平均结果,而对于每次仿真,报价阈值随机设置为 1 到 10 之间的一个数值。

仿真结果:图 8-3(a)对 Frugal-OMZ 机制下任务发起者所需要支付的总报酬与两个基准机制进行了比较。图 8-3(b)比较了两个在线机制完成的任务个数。从仿真结果中可以观察到下面四个现象。

(1)所有机制支付的总报酬随着任务个数的增加而增加,并且增长率大于 1(随机机制除外),这是因为用户集是受限的,如果需要完成更多任务,则需要选择更多任务成本更高的用户。

(2)Frugal-OMZ 机制的性能超过随机机制。需要注意的是,尽管随机机制在某些情况下需要更小的总报酬,但存在很多任务没有完成,而每个任务的平均价格高于其他机制。

(3)仅有设置 $\delta = 2$ 的 Frugal-OMZ 机制可以在各种情况下完成所有任务,尽管它比设置 $\delta = 1$ 的 Frugal-OMZ 机制需要更高的总报酬。需要注意的是,在我们的仿真实验中最多有 828 个任务可以被完成(使用最优离线机制时),而设置 $\delta = 2$ 的 Frugal-OMZ 机制可以完成这些任务的一半(414 个任务)。

(4)设置 $\delta = 2$ 的 Frugal-OMZ 机制的总报酬小于完成 $2L$ 个任务的最优离线机制,表明其现实节俭比小于 2,这与引理 8.3 的理论分析相一致。而且,通过比较设置 $\delta = 2$ 的 Frugal-OMZ 机制与完成 L 个任务的最优离线机制可知,其理想节俭比小于 2.5。不管怎样,这些可以证明 Frugal-OMZ 机制能保证常数节俭性。

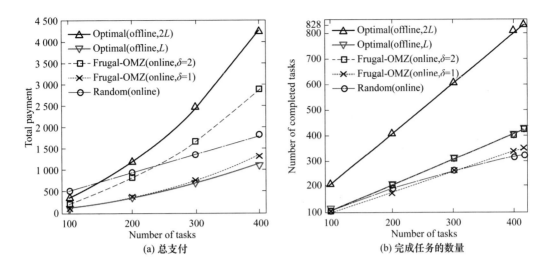

图 8-3　同质用户和零"到达-离开"间隔模型下的仿真结果

8.5.2　异质用户模型下的仿真验证

仿真设置：我们设置截止时间 $T=1\,800\,\mathrm{s}$，并设置需要完成的任务个数 L 从 100 开始，以 100 为增量逐渐增加到 $1\,000$。用户到达过程使用到达率为 λ 的泊松过程进行模拟，并且以 0.2 为增量将到达率 λ 从 0.2 逐渐增加到 1。对于每个用户 $i\in U$，设置 $\tau_i\sim U[1,10]$，$c_i\sim U[1,10]$（表示均匀分布）。对于 Frugal-OMZ 机制，每个用户设置零"到达-离开"间隔。对于 Frugal-OMG 机制，设置每个用户的"到达-离开"间隔服从 0 到 300 s 区间的均匀分布。对于这两个机制，均设置 $\delta=2$ 和 $\beta=10$。最优离线机制和随机机制的设置与上一节保持相同。

仿真结果：图 8-4 对 Frugal-OMZ 机制和 Frugal-OMG 机制下任务发起者所需要支付的总报酬与两个基准机制进行了比较。图 8-5 比较了各种机制所需要的单个任务的平均价格。从仿真结果中可以观察到下面四个现象。

（1）从图 8-4(a)和图 8-5(a)可观察到，随着参与用户数量的增加，随机机制除外的所有其他机制需要更少的总报酬及单个任务的平均价格。从图 8-4(b)和图 8-5(b)可以观察到，随着任务个数的增加，随机机制除外的所有其他机制需要支付更高的总报酬及单个任务的平均价格。

（2）Frugal-OMZ 机制和 Frugal-OMG 机制在支付的总报酬和单个任务的平均价格两方面的性能均优于随机机制。需要注意的是，尽管在某些情况下随机机制需要支付更少的总报酬或单个任务的平均价格，但它有很多任务没有完成。相比而言，其他两个机制都可以完成所有任务。

（3）Frugal-OMZ 机制的总报酬小于完成 $2L$ 个任务的最优离线机制，表明其现实节俭比小于 2，这与引理 8.3 的理论分析相一致。而且，通过比较 Frugal-OMZ 机制与完成 L 个任务的最优离线机制相比，可知其理想节俭比小于 2.4。不管怎样，这些可以证明 Frugal-OMG 机制可以保证常数节俭性。

（4）Frugal-OMG 机制的总报酬非常接近完成 $2L$ 个任务的最优离线机制，表明其现实节俭比接近于 2。此外，为了保证时间真实性，Frugal-OMG 机制比 Frugal-OMZ 机制需要支付更高的总报酬和单个任务的平均价格。

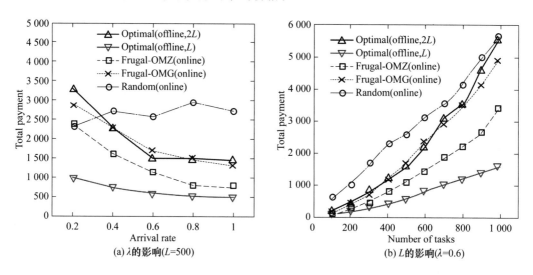

图 8-4 异质用户模型下支付的总报酬

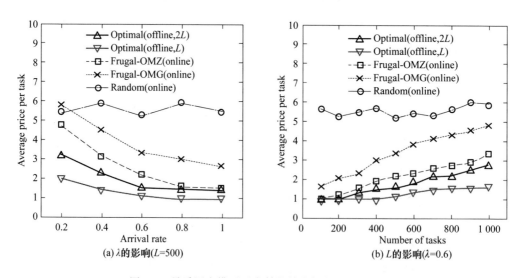

图 8-5 异质用户模型下支付的单个任务的平均价格

8.6 本章小结

在本章中,我们研究了节俭型在线激励机制,旨在使任务发起者在完成指定个数的任务数目条件下付给用户的总报酬最小化。首先,我们根据不同的用户模型设计了不同的在线激励机制:适用于零"到达-离开"间隔模型的节俭型在线激励机制 Frugal-OMZ 和适用于一般间隔模型的节俭型在线激励机制 Frugal-OMG。最后,通过理论分析和大量的仿真实验,证明两种激励机制均满足计算有效性、个人合理性、真实性、消费者主权性和常数节俭性。根据用户可完成的任务个数选择同质用户模型或异质用户模型;根据用户属性信息的分布选择独立同分布模型或秘书模型。另外,一般间隔模型的节俭型在线激励机制 Frugal-OMG 还可满足时间真实性。

本章参考文献

[1] Sensorly[EB/OL],http://www.sensorly.com.

[2] Rana R K, Chou C T, Kanhere S S, et al. Earphone:an end-to-end participatory urban noise mapping system[C]. In Proc. of ACM/IEEE IPSN, 2010:105-116.

[3] Singer Y, Mittal M. Pricing mechanisms for crowdsourcing markets[C]. In Proc. of WWW, 2013:1157-1166.

[4] Singla A, Krause A. Truthful incentives in crowdsourcing tasks using regret minimization mechanisms[C]. In Proc. of WWW, 2013:1167-1178.

[5] Zhao D, Li X-Y, Ma H-D. How to crowdsource tasks truthfully without sacrificing utility:online incentive mechanisms with budget constraint[C]. In Proc. of IEEE INFOCOM, 2014:1213-1221.

[6] Yang Z, Wu C, Liu Y. Locating in fingerprint space:wireless indoor localization with little human intervention[C]. In Proc. of ACM MobiCom, 2012:269-280.

[7] Gigwalk[EB/OL]. http://www.gigwalk.com.

[8] Bar-Yossef Z, Hildrum K, Wu F. Incentive-compatible online auctions for digital goods[C]. In Proc. ACM-SIAM SODA, 2002, 2:964-970.

[9] Babaioff M，Immorlica N，Kempe D，et al. A knapsack secretary problem with applications[C]. In Proc. of APPROX-RANDOM，2007：16-28.

[10] Kleinberg R. A multiple-choice secretary algorithm with applications to online auctions[C]. In Proc. of ACM-SIAM SODA，2005：630-631.

[11] Dynkin E B. The optimum choice of the instant for stopping a Markov process [J]. Soviet Mathematics，1963，4：627-629.

[12] Bateni M，Hajiaghayi M，Zadimoghaddam M. Submodular secretary problem and extensions[C]. In Proc. of APPROX-RANDOM，2010：39-52.

[13] Zhao D，Li X，Ma H. Budget-feasible online incentive mechanisms for crowdsourcing tasks truthfully[J]. IEEE/ACM Transactions on Networking，2014，24(2)：647-661.

第9章

激励树机制

9.1 引　言

目前,已经有大量研究工作关注移动群智感知系统的用户激励机制设计问题[1-9]。大多数研究假定参与者已经在系统中并且意识到了众包任务的存在。然而,它忽略了两个关键事实:一是参与者起初并不存在于系统中;二是即使在 MTurk、Gigwalk 等众包平台上已经存在很多注册用户,这些潜在的参与者也很难及时知道任务的存在,因为很多用户倾向于禁止自动推送任务,或者为了节省宝贵的时间而对任务视而不见,或者当用户禁止报告实时 GPS 坐标时,平台无法将任务推送给合适位置的用户。然而,我们可以合理地假定有一小部分用户作为第一批参与者加入任务中。例如,用户可以主动浏览任务列表并决定参与其中。另外,还有一些用户可以报告自己的位置,这样平台就可以及时地将任务推送给他。因此,一个更明智、更有效的方法是利用"口碑效应",即鼓励这些早期参与者使用他们的社交网络(如 Facebook、Twitter 和微信)邀请其他用户参与到任务中,或者通过机会网络[10]邀请附近相遇的用户参与到任务中。

激励树(又称为"推荐树"或"多级市场营销")机制为满足上述要求提供了一种有效的方法。激励树是一种树状结构的激励机制,主要满足两个特点:①每个用户都可以根据直接的贡献获得奖励;②已经参与的用户可以招募其他新用户一同做出贡献,并且通过使参与者的报酬取决于这些被招募者的贡献(以及他们以递归的方式进一步招募其他参与者做出的贡献)来激励参与者发出招募邀请[11]。一个臭名昭著的激励树机制例子是金字塔计划(或者说"传销")[12],它提供了诱人的奖励,但在许多国家是非法的。另一个著名的应用例子是美国国防部高级研究计划局（DARPA）曾经发起的红气球挑战赛（redballoon challenge），最终麻省理工学院的一个团队通过使用简单的激励树机制赢得了挑战[13]。然而，这种机制有一个严重的缺点——不能抵抗女巫攻击。目前，学者们为了抵御女巫攻击而设计了许多激励树机制[11,14-19]，但大多数激励树机制缺乏预算约束，使得参与者有"无限奖励的机会"（定义见[11,14]）。事实上，众包任务组织者在现实场景中往往存在一定的预算约束，这也是现有众包平台的主流激励方式。

针对以上问题，本章旨在设计一类预算平衡的激励树机制，能够同时满足六个重要特性：预算一致性、持续贡献激励、持续招募激励、报酬与贡献成正比、非营利的招募者绕过和非营利的女巫攻击。现有研究工作[11,14-19]通常考虑后五种特性，从而使其鼓励用户直接参与贡献、招募他人参与贡献，以及公平竞争。此外，我们认为还应强调预算一致性的重要性，即要求所有参与者的奖励支出总额严格等于众包组织者在任务分配时公布的预算，即支出总额等于预算，而不是低于预算。否则，如果奖励支出总额可以任意削减，那么参与者将不再信任众包组织者，他们的参与热情也将会下降。

我们调研发现，目前只有文献[19]设计了一种具有预算约束的激励树机制，称为"发财树"（Pachira lottery tree）机制，它和购买彩票相似，按照一定的概率选择一个参与者作为唯一的获得奖励的人。现有的大多数激励树机制是基于参与者的贡献确定奖励；与这些机制相比，发财树机制是一种随机的机制，它利用彩票赌博的心理吸引用户[20]。一般来说，发财树机制有两个优点：①"完全不歧视"。此性质对普通用户（"草根"）更有吸引力，因为每个人都有机会获胜[21]。而且，当我们的预算相对较小或需要的参与者数量相对较多时，在确定性机制下，每个参与者只会获得非常小的奖励，因此很可能会失去参与的兴趣，而在这种情况下，发财树机制利用参与者都想赢得大奖（例如，全部预算）的心理，从而更容易吸引参与者。②发财树机制就像买彩票，可以为参与者提供一定的娱乐性作为内在激励。然而，现有的发财树机制仍然存在以下两个主要缺陷。

- 首先，它违反了预算一致性，即最终支付的金额可能低于最初公布的奖励。值得注意的是，提前公布的奖励总额（即预算）是非常重要的，因为它直接决定了将吸引多少用户参与到活动中。因此，提前公布预算是很有必要的，这也是很多抽奖活动的普遍规则。在这种情况下，如果最终支付的金额低于公布的金额，这意味着众包组织者违背了自己的承诺，其信誉就会受到质疑，从而导致参与用户对未来众包活动的参与热情下降。例如，当众包组织者向用户公布预算时称："参与者之一可以获得全部奖励 100 元"，但最终赢家只获得 80 元作为奖励，那么人们就会产生疑惑：剩下的 20 元在哪里？是众包组织者在撒谎？

- 其次,它只允许一个获胜者(为了方便说明,我们在本章的其余部分称之为"1-发财树"(1-Pachira lottree)),这并不总是对所有场景有效。

事实上,调整"1-发财树"以满足预算一致性而不违反其他性质,或者将其扩展到具有多个赢家的广义发财树机制是非常重要的。因此,我们重新设计了"1-发财树",并证明了它满足六个重要特性。此外,我们将其扩展到"K-发财树"(K-pachira lottree)以允许多个获胜者,以及"共享发财树"(sharing-pachira lottree)以允许每个参与者都能获奖。在共享发财树中,所有参与者根据各自的获胜概率按比例分配预算。

至此,读者可能会产生这样的疑问,"1-发财树""K-发财树"和"共享发财树"三种机制中,哪一个是最好的呢?近年来,一些研究[22-27]在实际生活中开展实验,对比了基于彩票的(即随机奖励)机制和固定支付(即小额支付、线性奖励)机制。然而,它们缺乏一个全面而坚实的理论基础来解释它们的实验结果,因而无法为不同情景下的机制选择提供更具说服力的指导。此外,他们都没有考虑激励树机制。相比之下,我们利用行为经济学中著名的累积前景理论[28],通过数值分析比较不同的广义发财树,这对满足各种应用需求的机制选择提供了一个有趣而重要的理论指导:如果众包组织者有较多的预算,或者只需要很少的参与者,那么应该推荐"共享发财树"机制;否则,应推荐"1-发财树"机制。

最后,为了验证我们的理论分析,我们首先建立了一个基于社交网络的仿真器,并实现了三个广义发财树机制。通过大量的仿真实验证实了理论分析的有效性;其次,我们针对一个典型的应用案例——基于移动群智感知的目标搜寻,设计了一个有趣的"校园寻宝"手机游戏并进行性能评估。11 天内有 82 名用户在我们的智能手机应用中注册,在此基础上设计了 12 项预算限制和参与者数量限制不同的任务,最终实验结果与我们的理论分析高度一致(详见本书第 10 章)。

本章的主要工作包括:首先,建立了基于激励树机制的众包模型,提出了"广义发财树"的概念,并分析了需要满足的六个重要特性,介绍了传统的 1-发财树机制以及可用于机制选择的累积前景理论预备知识;然后,对传统的 1-发财树进行了重新设计,使其满足所有六个重要特性,并将其扩展为"K-发财树"和"共享发财树"机制用于支持多样化的需求;接着,我们使用累积前景理论提供了一个可靠的机制选择向导;最后,基于社交网络的仿真实验证实了理论分析的正确性。

9.2 系统模型与预备知识

在本节中,我们介绍了众包模型、广义发财树的定义和特性,然后介绍了一些预备知识,包括传统的 1-发财树机制和累积前景理论。表 9-1 列出了本章使用的主要符号。

表 9-1　第 9 章使用的主要符号

符　号	描　述
N	需要的参与者数量
B	预算约束
T, u, r, T_u	激励树、树的节点、根节点、以 u 为根节点的子树
$C(u), W(u), L(u), R(u)$	节点 u 的贡献、权重、彩票值和奖励值
$C(T_u), W(T_u)$	以 u 为根节点的子树的贡献和权重
β, δ	函数 π 计算彩票值的两个关键参数
α, γ	累积前景理论中值函数 ν 和权重函数 w^+ 的两个关键参数

9.2.1　众包模型

假设有一个众包组织者要招募 N 个用户参加预算约束为 B 的众包活动。众包组织者可能对参与的用户数量有限制,尤其是在只需要少量参与者的情况下。例如,一些移动群智感知应用[22](GarbageWatch、What's Bloomin 和 AssetLog)只需要少量目标用户通过对各种校园资源(如室外垃圾箱、植物用水、自行车架、回收箱和充电站)拍摄带有地理标记的照片,来记录大学中的各种资源使用问题。当然,也有很多移动群智感知应用希望有尽可能多的参与者,因此他们对参与用户的数量 N 通常没有明确的限制,例如,需要大量参与者来构建大规模的城市感知地图[29-31]或尽快找到一个走失的孩子[32]。实际上,所需参与者的数量和预算约束对不同类型激励树机制的有效性都具有重要影响,我们将在后面详细说明。

另一方面,用户可以参与众包活动并为此做出贡献(例如,解决任务、上传感知数据、寻找丢失的孩子)。我们考虑同质用户模型和异质用户模型[8],其中前者是后者的特例。前者可以解释为原子任务,其中每个用户只能完成一个任务,从而做出相同的贡献。例如,Gigwalk[33]招募在购物中心的用户进行用户调研,每个用户只能填写一份调查表。后者是用户可以连续参与可分割的任务或众包活动,其中不同的用户可以完成不同数量的任务或参加不同持续时间的活动,从而产生不同的贡献。例如,微软通过 Gigwalk[33]招募用户在其必应地图(Bing map)中添加全景图像,不同的用户愿意拍摄照片的数量不同。另外,在 FindingNemo[32]系统中,不同的用户寻找走失的孩子花费的时间可能会不同。通常,用户 u 的贡献用 $C(u)$ 表示,$C(u) \geqslant 0$。

此外,用户还可以招募新用户,从而形成一个树形结构 T。每个用户都表示为树节点 u,并且如果用户 v 响应用户 u 的招募邀请参加了活动,则两个用户 u 和 v 之间存在有向边 (u,v)。换句话说,如果 v 通过 u 的招募邀请参加活动,则它将成为 T 中 u 的子节点。众包组织者可表示为根节点 r。直接响应众包组织者的请求而参与活动的用户是 r 的子节点。T_u 表示以节点 u 为根节点的 T 的子树。$E(T)$ 表示 T 中的有向边集合。T 是一棵加权树,其中节点 u 的权重是其对活动的贡献 $C(u)$。由于众包组织者没有直接贡献,因此我们有 $C(r)=0$。T 中所有节点的总贡献由 $C(T) = \sum_{u \in T} C(u)$ 表示。

9.2.2　广义发财树

广义发财树是一种激励树机制,该机制像抽彩票一样概率性地选择一个或多个参与者作为获胜者,并向每个获胜者支付奖励。广义发财树的一个关键组成部分是彩票函数 $L(u)(0 \leqslant L(u) \leqslant 1)$,它确定每个节点 $u \in T$ 的彩票价值(即中奖概率),并满足 $\sum_{u \in T} L(u) = 1$。节点的彩票价值同时取决于树的结构和节点的贡献,从而鼓励参与者做出贡献并发出招募邀请。另一个关键组成部分是用于确定每个节点 $u \in T$ 的奖励函数 $R(u)$,该函数取决于众包组织者的奖励策略,即 $|T|-1$ 名参与者中允许多少个获胜者。具体来说,我们考虑了三种奖励策略:只有一名获胜者的"1-发财树"、具有 $K(1 < K < |T|-1)$ 位获胜者的"K-发财树",以及允许每个参与者成为获胜者的"共享发财树"。

广义发财树的主要目标是在一定的预算约束下激励参与者做出贡献并招募其他参与者,但它也应保证公平性,并具有一定的稳健性应对参与者的各种策略性行为。接下来,我们定义广义发财树理应满足的一组重要特性。

- 预算一致性(budget balance,BB):如果广义发财树中除根节点以外的所有节点的总奖励等于预算,那么它就满足预算一致性,即 $\sum_{u \in T\{r\}} R(u) = B$。该性质比文献[19]中定义的所谓"零根值"(ZVR)性质具有更严格的约束。ZVR 性质仅要求对树的根节点的奖励为零,$R(r)=0$,然而它允许总支出小于预算。我们认为这将使众包组织者失信,最终可能导致用户的参与热情下降。

- 持续贡献激励(continuing contribution incentive,CCI):如果广义发财树的参与者贡献越大时获得的奖励也越多,那么它满足持续贡献激励性质。一般来说,在给定的树 T 中,如果一个节点 $u \in T$ 的贡献变大,即 $C'(u) > C(u)$,其他节点 $v \in T \backslash \{u\}$ 的贡献保持不变,即 $C'(v) = C(v)$,那么 u 节点在它本身贡献增加后的奖励$R'(u)$应该大于原有的奖励$R(u)$,即$E[R'(u)]>E[R(u)]$。

- 持续招募激励(continuing solicitation incentive,CSI):如果广义发财树的每一个参与者都可以通过招募新用户参与任务的方式增加个人奖励,那么它满足持续招募激励性质。换句话说,即使用户自身没有额外的贡献,也可以通过其招募用户的贡献获得更高的奖励。我们遵循文献[19]中定义的"弱招募激励(WSI)"的概念。一般来说,如果一个节点$u \in T$的子树包含某个节点$p:p \in T_u$,但是不包含另外某个节点$q:q \in T \setminus T_u$,这里有一个新节点$n:C(n)>0$,在情况1中该节点加入树作为p的子节点,在情况2中以q的子节点加入树,则情况1中用$R'(u)$表示的u的收益,情况2中用$R''(u)$表示的u的收益,情况1比情况2的奖励期望要高,可表示为$E[R'(u)]>E[R''(u)]$。

- 报酬与贡献成正比(value proportional to contribution,VPC):这个性质要求发财树机制保证参与者之间的公平性。直观来讲,参与者期望的奖励与他们的贡献成正比。一般地说,如果广义发财树每个节点u的预期收益至少是该节点做出的相对贡献的φ倍,即$E[R(u)] \geqslant \varphi C(u)/C(T)$,那么激励树机制满足$\varphi$-VPC($\varphi > 0$)。

- 非营利的招募者绕过(unprofitable solicitor bypassing,USB):如果一个广义发财树满足树中加入一个新节点,但不作为其招募者的子节点时,将不会得到预期的回报,那么它符合非营利的招募者绕过性质。如果忽视这个性质,可能会产生一些不良后果:参与者将对招募新用户失去兴趣,因为新节点倾向于绕过招募者加入树,而不是作为招募它的节点的子节点加入。一般来说,如果节点u和v在树中:$u,v \subset T$,有一个新节点$n:C(n)>0$,在情况1中,它作为u的子节点加入树,而在情况2作为v的子节点加入树,则情况1中的奖励表示为$R'(u)$,情况2中的奖励表示为$R''(u)$,情况1的奖励期望不会小于情况2,可表示为$E[R'(u)] \geqslant E[R''(u)]$。根据对称性,可表示为$E[R'(u)] = E[R''(u)]$。

- 非营利的女巫攻击(unprofitable sybil attack,USA):移动群智感知中的女巫攻击指的是用户在参与任务的过程中,通过把自己伪装成多个用户加入任务,从而获得额外的非法收益。此性质要求没有参与者可以通过上述这种方式获利。形式上,女巫攻击可以这样定义:给定任意节点$u \in T$,它的父节点p有$d \geqslant 0$个孩子节点$v_1,v_2,\cdots,v_d$,u通过把自己伪装成多个用户$u_1,u_2,\cdots,u_s(s>1)$发起女巫攻击,$\sum_{i=1}^{s} C(u_i) = C(u)$。每个女巫节点$u_i$只能是$p$的一个子节点,或者是其他女巫节点的子节点。节点 u 发动女巫袭击所获得的总期望奖励可表示为 $\sum_{i=1}^{s} E[R(u_i)]$。如果对于任何节点 $u \in T$,它通过女巫攻击,在没有额外贡献的情况下不能得到期望的奖励,我们称这个广义发财树满足 USA 性质,即 $E[R(u)] \geqslant \sum_{i=1}^{s} E[R(u_i)]$。

9.2.3 1-发财树机制

1-发财树机制已被证明可以满足 CCI、CSI、VPC、USB 和 USA[19]。原则上,可以使用满足以下性质的任何函数 π 来定义 1-发财树:

(1) $\pi(0)=0, \pi(1)=1$;

(2) $\forall c \in [0,1]: \dfrac{\mathrm{d}\pi(c)}{\mathrm{d}c} \geqslant \beta(\beta$ 的最小斜率$)$;

(3) $\forall c \in [0,1]: \dfrac{\mathrm{d}^2\pi(c)}{\mathrm{d}c^2} \geqslant 0($严格凸函数$)$。

本节采用了一个方便、直观且满足以上性质的函数:

$$\pi(c) = \beta c + (1-\beta)c^{1+\delta} \tag{9-1}$$

其中,β 和 δ 是实现招募激励和公平性之间平衡的两个输入参数。然后,对于每个节点 $u \in T$,使用函数 π 和其成比例的贡献计算权重:$W(u)=\pi(C(u)/C(T))$。此外,子树 T_u 的权重可以被定义为

$$W(T_u) = \pi\left(\frac{C(T_u)}{C(T)}\right) \tag{9-2}$$

特别地,对于任何叶子节点 u,它遵循 $W(u)=W(T_u)=\pi(C(u)/C(T))$。最终,1-发财树机制将每个节点 $u \in T$ 的彩票价值确定为在 u 处的子树的权重减去所有 u 的孩子子树的权重:

$$L(u) = W(T_u) - \sum_{(u,v) \in \varepsilon(T)} W(T_v) \tag{9-3}$$

只有一个节点以概率 $L(u)$ 获得所有奖励。

9.2.4 累积前景理论

一个有效的发财树机制应该基于彩票赌博的认知心理学,考虑人们如何看待根据不

同的奖励策略获得的收益[20]。为此,由 Kahneman 和 Tversky 提出了一个著名的行为经济学模型——前景理论(prospect theory)[34],可以充分描述个人如何评估彩票的损失和收益,用于代替传统的期望效用理论(expected utility theory)。此外,累积前景理论(cumulative prospect theory,CPT)将其扩展到具有任意数量结果的不确定风险的前景,这也证实了风险态度的独特四重模式:人们通常会在面对高概率收益时进行风险规避,而面对高概率损失时会进行风险寻求;面对低概率收益时会进行风险寻求,而面对低概率损失时会进行风险规避[28]。请注意,对于发财树仅考虑收益情况。具体来说,对于具有概率 p 的单结果收益 $x \geq 0$,值函数和加权函数分别基于非线性变换定义如下:

$$v(x) = x^\alpha \tag{9-4}$$

$$w^+(p) = \frac{p^\gamma}{(p^\gamma + (1-p)^\gamma)^{\frac{1}{\gamma}}} \tag{9-5}$$

其中,两个参数 α(幂)和 γ(概率加权)是由累积前景理论[28]产生的,分别表示值函数和加权函数上的非线性变换的比例。然后,将累积前景价值(cumulative prospect value,CPV)作为个人的感知收益:

$$\mathrm{CPV}(x, P) = v(x) w^+(p) \tag{9-6}$$

进一步地,如果存在一系列具有收益概率对 (x_i, p_i),$1 \leq i \leq m$ 的可能结果,那么累积决策权重(cumulative decision weight)定义为

$$\tau_i^+ = w^+(p_i + \cdots + p_m) - w^+(p_{i+1} + \cdots + p_m), 0 \leq i < m \tag{9-7}$$

$$\tau_m^+ = w^+(p_m) \tag{9-8}$$

然后将累积前景价值计算为

$$\mathrm{CPV}((x_i, p_i), 1 \leq i \leq m) = \sum_{i=1}^m \tau_i^+ v(x_i) \tag{9-9}$$

9.3　广义发财树机制

本节,我们首先重新设计了 1-发财树机制,以满足所有期望的性质。由于每个节点的奖励仅取决于 1-发财树的彩票值,因此仅需考虑彩票值即可分析各种性质。然后,将其分别扩展到 K-发财树和共享发财树机制。最后,我们分析了如何基于累积前景理论进

行机制选择,并给出了理论分析和证明。

9.3.1 重新设计 1-发财树机制

传统 1-发财树机制不满足 ZVR 性质,因为根节点有 $L(r)>0$ 的概率获得奖励。它也违反了预算一致性,因为 ZVR 性质是预算一致性的必要不充分条件。为了满足 ZVR 性质,一种直接的策略是通过将根节点的彩票值分配给其他节点来重新调整发财树。然而,有趣的是,采用重调整策略以确保理想的特性并非易事,尤其是对于预算一致性、非营利的招募者绕过和非营利的女巫攻击三个特性来说。例如,文献[19]提出了一种重调整策略,将根节点的彩票值按彩票值比例分配给其他节点(图 9-1(b)),但它破坏了非营利的招募者绕过性质。尽管还可以使用另一种重调整策略来满足非营利的招募者绕过性质,但它仍然违反了预算一致性。众包组织者可能会倾向于使用其他两种重调整策略:一种是将根节点的彩票值分配给位于较低层的树节点,例如,直接响应众包组织者的邀请而加入树的二级节点(图 9-1(c));另一种方法是将根节点的彩票值分配给较早加入树的节点,例如,不管树结构如何,加入树的前两个节点(图 9-1(d))。两种策略都鼓励用户尽快参与活动,这也是激励机制的良好特性。接下来,我们定义两种更通用的调整策略。

- 依赖结构的重调整:给定一个发财树,每个非根节点 u 的彩票值是 $L(u)$,根节点 r 的彩票值是 $L(r)$,v_i 是在树中位于指定层或位置的节点,如果基于比例 $w_i>0$,$1\leqslant i\leqslant l$,将 r 的彩票值分配给 v_i 中的部分节点,使得 v_i 的彩票值调整为 $L'(v_i)=L(v_i)+w_iL(r)$,$\sum_{i=1}^{l}w_i=1$,r 的彩票值被调整为 $L'(r)=0$,并且其他节点的彩票值保持不变,那么他的调整策略是依赖结构的重调整。

- 依赖时间的重调整:给定一个发财树,每个非根节点 u 的彩票值是 $L(u)$,根节点 r 的彩票值是 $L(r)$,v_i 是在指定时间顺序加入树中的节点,如果基于比例 $w_i>0$,$1\leqslant i\leqslant l$,将 r 的彩票值分配给 v_i 中的部分节点,使得 v_i 的彩票值可以调整为 $L'(v_i)=L(v_i)+w_iL(r)$,$\sum_{i=1}^{l}w_i=1$,r 的彩票值被调整为 $L'(r)=0$,并且其他节点的彩票值保持不变,那么他的调整策略是依赖时间的重调整。

此外,如图 9-1(e) 和图 9-1(f) 所示,我们将"根优先"的调整策略定义为结构依赖和时间依赖的重调整策略的特例。

- 根优先重调整:给定一个发财树,每个非根节点 u 的彩票值是 $L(u)$,根节点 r 的

彩票值是 $L(r)$，如果它按照 $L'(u_1)=L(u_1)+L(r)$ 调整第一个加入树的节点 u_1 的彩票值，r 的彩票值为 $L'(r)=0$，并且其他节点的彩票值保持不变，那么他的调整策略是根优先重调整策略。

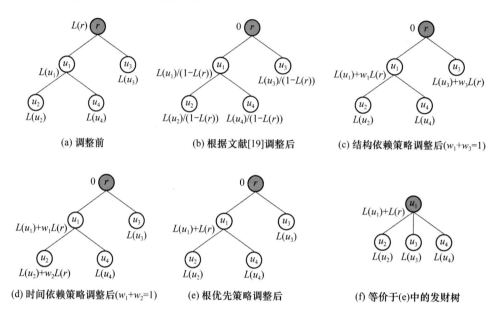

(a) 调整前　　　(b) 根据文献[19]调整后　　　(c) 结构依赖策略调整后($w_1+w_3=1$)

(d) 时间依赖策略调整后($w_1+w_2=1$)　　　(e) 根优先策略调整后　　　(f) 等价于(e)中的发财树

图 9-1　包含众包组织者 r 和参与者 $u_1 \sim u_4$ 的 1-发财树的不同调整策略说明（u_i 表示按时间顺序加入树的第 i 个节点，$L(u_i)$ 和 $L(r)$ 表示基于树的原结构和式(9-3)得到的原有彩票值，每个节点旁边的值表示重新调整前或调整后相应的彩票值）

接下来我们逐一分析各种重调整策略。

定理 9.1　除了根优先调整之外的任何依赖结构的重调整策略都会破坏非营利的招募者绕过性质。

证明：我们首先考虑除了根优先重调整之外的任意依赖结构的重调整策略。一些节点倾向于绕过他们的邀请者，成为更高层的节点来获得更高的彩票值。这可以通过下面的例子进行证明。如图 9-1(a)所示的发财树，用户 u_4 的彩票值是 $L(u_4)$，如果用户 u_4 绕过它的招募者 u_1 直接成为 r 的孩子节点（如图 9-2(a)所示），那么在没有依赖结构调整的情况下它的彩票值 $L'(u_4)$ 保持相同：$L'(u_4)=W(u_4)=\pi(C(u_4)/C(T))=L(u_4)$，但是它的彩票值 $L''(u_4)$ 在依赖结构调整后会增加，如图 9-2(b)所示：$L''(u_4)=L(u_4)+w_4 L_{SB}(r)>L(u_4)$。这意味着依赖结构重调整后将会破坏非营利的招募者绕过性质，因为 u_4 能够通过绕过它的邀请者 u_1 获得更高的彩票值。

现在我们考虑根优先重调整策略。在这种特殊情况下，没有节点可以绕过它的邀请者成为第一个节点。这意味着没有节点能够通过绕过他的邀请者获得更高的彩票值。

因此可以满足非营利的招募者绕过性质。

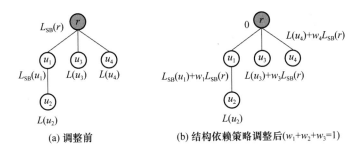

(a) 调整前　　　　　　(b) 结构依赖策略调整后$(w_1+w_2+w_3=1)$

图 9-2　当图 9-1(a)中 u_4 绕过其招募者时,结构依赖的重调整策略对非营利的招募者绕过性质的影响(其中 $L_{SB}(\cdot)$ 表示由招募者绕过行为导致的新彩票价值)

定理 9.2　除了根优先重调整之外的任何依赖时间的重调整策略都会破坏非营利的女巫攻击性质。

证明: 我们首先考虑除了根优先重调整以外的任意依赖时间的重调整策略。在该策略中,一些节点将倾向于通过在某个时间用多个身份加入发财树的方式发起女巫攻击以获得更高的彩票值。这可以通过以下例子进行证明:对于一棵如图 9-1(a)所示的发财树 T,用户 u_1 的彩票值是 $L(u_1)$,如果用户 u_1 伪装成两个节点 u_{11} 和 u_{12},首先加入了发财树,产生了一棵新的树 T',如图 9-3(a)所示,那么在没有依赖时间重调整的这种情况下 u_1 不能获得更高的彩票值:

$$
\begin{aligned}
L_{SA}(u_{11})+L_{SA}(u_{12}) &= W(T'_{u_{11}}) - [W(u_{12})+W(u_2)+W(u_4)]+W(u_{12}) \\
&= W(T'_{u_{11}}) - [W(u_2)+W(u_4)] \\
&= \pi\left(\frac{C(u_{11})+C(u_{12})+C(u_2)+C(u_4)}{C(T)}\right) - [W(u_2)+W(u_4)] \\
&= \pi\left(\frac{C(u_1)+C(u_2)+C(u_4)}{C(T)}\right) - [W(u_2)+W(u_4)] \\
&= W(T_{u_1}) - [W(u_2)+W(u_4)] \\
&= L(u_1)
\end{aligned}
$$

(9-10)

这也意味着 r 的彩票价值 $L(r)$ 保持不变。但是,依赖时间的重调整会产生图 9-3(b)所示的新的发财树 T'',其中 u_1 的彩票值 $L''(u_1)$ 如下所示:

$$
\begin{aligned}
L''(u_1) &= L_{SA}(u_{11})+w_1 L(r)+L_{SA}(u_{12})+w_2 L(r) \\
&= L_{SA}(u_{11})+L_{SA}(u_{12})+L(r) \\
&= L(u_1)+L(r) > L(u_1)
\end{aligned}
$$

(9-11)

这意味着在按依赖时间的重调整策略调整后，将破坏非营利的女巫攻击性质，因为 u_1 可以通过发起女巫攻击来获得更高的彩票值。

现在我们考虑根优先重调整策略。对于发财树中除根以外的任何节点，都不可能发起女巫攻击以获得更高的彩票值，因为这些节点都不会成为根节点占据初始彩票值。现在我们考虑根节点 u_1。根据根优先调整的定义，如果 u_1 没有发动女巫攻击，它的彩票值将会是

$$L'(u_1) = L(u_1) + L(r) = 1 - \sum_{u_i \in T \setminus \{r, u_1\}} L(u_i) \tag{9-12}$$

如果 u_1 发动女巫攻击，将自己伪装成多个用户 $u_{11}, u_{12}, \cdots, u_{1s}(s>1)$，$\sum_{i=1}^{s} C(u_{1i}) = C(u_1)$，那么根节点的原始彩票值只被分配给第一个女巫节点 u_{11}，不管 u_1 是如何组建女巫节点结构的，并且它的彩票值将会是

$$\sum_{i=1}^{s} L''(u_{1i}) = L_{SA}(u_{11}) + L(r) + \sum_{i=2}^{s} L_{SA}(u_{1i}) = 1 - \sum_{u_i \in T \setminus \{r, u_1\}} L(u_i) \tag{9-13}$$

这意味着第一个节点也不可能通过发起女巫攻击获得更高的彩票值。因此，根优先重调整策略满足非营利的女巫攻击性质。□

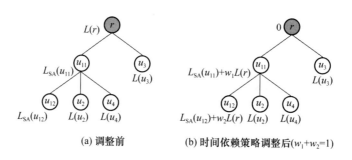

图 9-3 当图 9-1(a)中 u_1 通过将自身分裂为两个节点 u_{11} 和 u_{12} 发起女巫攻击时，时间依赖的重调整策略对非营利的女巫攻击性质的影响（其中 $L_{SA}(\cdot)$ 表示由女巫攻击造成的新彩票值）

读者可能会产生这样的疑问，在根优先重调整策略中，第一个节点将没有动力去招募新节点，因为它将成为根节点，而其他所有节点都是其后代，无论它是否进行招募。考虑到这一点，人们可能会认为根优先重调整策略破坏了持续招募激励性质。然而，实际上，可以证明，由于竞争效应，第一个节点仍然具有招募新节点的动力。

引理 9.1 根优先重调整策略满足持续招募激励性质。

证明:因为根优先重调整策略不改变除根节点和第一个节点以外的任何节点的彩票值,只需要证明第一个节点有动力去招募新节点。我们考虑图 9-4 所示的例子:u_1 和 u_2 是前两个节点。根据根优先重调整策略,u_1 被调整为根节点,u_2 是 u_1 的孩子节点,如图 9-4(a)所示。现在假设这里有一个新节点 u_3:$C(u_3)>0$,在情况 1 中节点响应 u_1 的招募加入树(图 9-4(b)),在情况 2 中节点响应 u_2 的招募加入树(图 9-4(c))。在两种情况下 u_1 的彩票值分别表示如下:

$$L'(u_1)=1-\left[\pi\left(\frac{C(u_2)}{C(T)}\right)+\pi\left(\frac{C(u_3)}{C(T)}\right)\right] \tag{9-14}$$

$$L''(u_1)=1-\pi\left(\frac{C(u_2)+C(u_3)}{C(T)}\right) \tag{9-15}$$

由于函数 π 是一个严格凸函数,因此下面的不等式成立:

$$\pi\left(\frac{C(u_2)}{C(T)}\right)+\pi\left(\frac{C(u_3)}{C(T)}\right)<\pi\left(\frac{C(u_2)+C(u_3)}{C(T)}\right) \tag{9-16}$$

这意味着 $L'(u_1)>L''(u_1)$。因此,持续招募激励性质被满足。 □

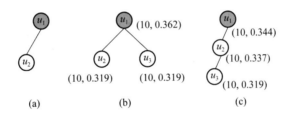

图 9-4 使用根优先重调整策略的发财树示意图((a)表示初始发财树;(b)和(c)表示新节点 u_3 加入树的两种情况,并且每个节点 u_i 旁边的二元组表示各自的贡献和彩票值:$(C(u_i),L(u_i)))$

定理 9.3 根优先重调整策略满足所有期望的性质,包括预算一致性、持续贡献激励、持续招募激励、报酬与贡献成正比、非营利的招募者绕过和非营利的女巫攻击。

证明:根据根优先重调整策略,可以直接满足预算一致性。很容易推断出,根优先重调整策略满足持续贡献激励和报酬与贡献成正比的性质,因为第一个节点 u_1 的彩票值变高,而其他任何节点 $v\in T\backslash\{r,u_1\}$ 保持不变。因此,定理 9.3 通过联合定理 9.1、定理 9.2 和引理 9.1 可以证明。 □

此外,根优先重调整策略还具有其他优势——用户将竞争成为首个参与者以赢得额外的彩票值,这对于尽快招募第一批用户是有好处的。

9.3.2　*K*-发财树机制

从 1-发财树机制扩展到 *K*-发财树机制的一个基本问题是如何基于用户的彩票值选择 *K* 个用户作为获胜者。尽管有大量可能的赢家选择策略,但是为了保证期望的性质,大多数策略都可以被轻易排除。尤其是根据报酬与贡献成正比的性质,我们只考虑下面四种备选策略。

- 策略 A:在 *K* 轮选择中选择 *K* 个不同获胜者。在每一轮选择之后,将这一轮选择的获胜者从候选集合中移除,下一轮的获胜者将从新的候选集中根据其余节点的彩票值进行选择。

- 策略 B:将所有节点根据其彩票值进行降序排序,然后选择前 *K* 个节点作为获胜者。

- 策略 C:在 *K* 轮选择中选出 *K* 个获胜者。每个回合根据所有节点各自的彩票值从中选出一个获胜者,但永远不会将其移出候选集合。这意味着一个节点可以多次被选为赢家。

- 策略 D:根据节点各自的彩票值按比例向所有节点分发虚拟彩票,然后在一轮中随机抽取 *K* 张彩票,彩票的所有者即为中奖者。

有趣的是,我们可以看到策略 A 和策略 B 都破坏了非营利的招募者绕过性质,然而策略 C 和策略 D 都保证了 1-发财树机制中根优先重调整策略所具备的性质。我们首先根据图 9-4 所示的例子分析策略 A:假设图 9-4(a)中的两个节点 u_1 和 u_2 邀请了一个新节点 u_3,那么可能会出现两种情况,情况 1 是 u_3 响应 u_1 的邀请加入树(图 9-4(b)),情况 2 是 u_3 响应 u_2 的邀请加入树(图 9-4(c))。同时,假设三个节点有同样的贡献 10,*K*-发财树中的 *K*=2。对于情况 1 和情况 2,我们可以得到不同的彩票值。此外,我们能够用以下公式计算 u_3 是两个赢家之一的概率:

$$P(u_3)=L(u_3)+\frac{L(u_1)L(u_3)}{L(u_1)+L(u_3)}+\frac{L(u_2)L(u_3)}{L(u_2)+L(u_3)} \tag{9-17}$$

两种情况的结果分别是 0.649 和 0.648。很明显,这破坏了非营利的招募者绕过性质。值得注意的是,一个新的节点倾向于成为拥有更高彩票值的招募者的子节点,因为在更高彩票值节点被选择并从候选集中被移除之后,在下一轮选择中他有更大的机会成为获胜者。

策略 B 本质上是一种竞争策略。不难推断,一个新节点往往倾向于成为彩票值比自己高的招募者的子节点,以保证其相对于其他彩票值较低的节点的竞争优势。因此,策略 B 也破坏了非营利的招募者绕过性质。

为了满足非营利的招募者绕过性质,每个节点的最终获胜概率应当与其他节点的彩票值无关。策略 C 和策略 D 都遵循此原则,因此满足非营利的招募者绕过性质。从本质上讲,策略 C 和策略 D 分别等效于概率论中的有替换抽样和无替换抽样。具体来说,在策略 C 中每个节点 u 在每一轮中具有相同的获胜概率 $L(u)$,而在策略 D 中同一节点至少具有一次较高的获胜概率。不难看出这两个策略 C 和策略 D 保证了其他期望的性质。

确定 K 个获胜者之后,扩展 1-发财树机制到 K-发财树机制剩下的基本问题是如何分配奖励给其他获胜者。这也应该遵循相似的原则,即每个节点最终的收益应该独立于其他节点的彩票值。一个好的方法是均等分配总收益 B 给 K 个获胜者,其中每个节点的期望奖励与 1-发财树机制的期望奖励相同。在本书的其余部分中,提及 K-发财树机制时,将策略 C 与奖励均分策略组合使用。

9.3.3 共享发财树机制

从本质上讲,共享发财树机制等价于带有无限彩票值的 K-发财树机制的一个极端情况。在这种情况下,所有节点将会基于他们各自的彩票值按比例分享整个预算。换句话说,每个节点 u 将会得到一个收益:

$$R(u) = B \times L(u) \tag{9-18}$$

我们容易得知,共享发财树机制中每个节点的奖励与其他节点的彩票值无关,因此保留了所有期望的性质。

9.3.4 基于累积前景理论的机制选择

由于每个用户在使用 1-发财树和 K-发财树机制的众包活动结束前回报都不确定,因此用户如何理解收益至关重要,这决定了用户是否愿意做出贡献和招募。正如 9.2.4 节所介绍的,我们可以利用累积前景理论去分析用户如何看待不同奖励机制下的收益。对于 1-发财树机制,可以通过使总奖励 B 作为收益 x,使用彩票值 $L(u)$ 作为概率 p,根据式(9-4)～式(9-6)计算每个用户 u 感知到的奖励。对于多受益人发财树,每个用户 u 有 K 个可能的结果,收益概率对为

$$\left(\frac{B \cdot i}{K}, C_K^i (L(u))^i (1-L(u))^{K-i} \right), \quad 1 \leqslant i \leqslant K \tag{9-19}$$

并且可以根据式(9-7)~式(9-9)计算用户 u 感知到的奖励。对于共享发财树机制,每个用户 u 都有一个特定的收益如式(9-18)所示。我们将用户的与彩票值相关的感知奖励和在两个不同预算($B=100$ 和 $1\ 000$)的 4 种机制(1-发财树、5-发财树、10-发财树和共享发财树)下进行比较,结果如图 9-5 所示。可以观察到三个有趣的现象。

- 当预算保持不变时,在所有机制中,彩票值较低的用户会认为 1-发财树的收益最大,而彩票值较高的用户认为共享发财树的收益最大,然而无论彩票值如何,K-发财树始终保持在中间水平。

- 当预算保持不变时,存在一个明显的临界彩票值,低于该值,则可能倾向于 1-发财树,而高于该值,则可能倾向于共享发财树。

- 临界彩票值随预算增加而降低。

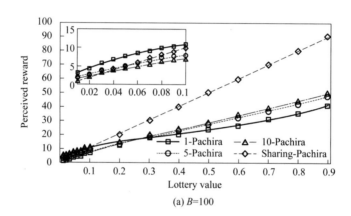

(a) $B=100$

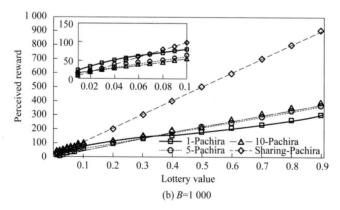

(b) $B=1\ 000$

图 9-5 各种彩票价值对应的用户感知奖励

从本质上讲,以上观察到的现象与累积前景理论保持一致,即一些人倾向于冒险追寻低概率的高收益,而厌恶高概率低收益的风险。对于选择机制以满足不同应用的要求,本书可以提供一个有趣并且重要的理论指导如下。

机制选择指导:如果众包组织者的预算较大,或者只需要少量参与者(这意味着每个参与者的彩票值相对较大),那么建议使用共享发财树机制,否则建议使用 1-发财树机制。

接下来,我们正式提供临界彩票值定理及其证明。

定理 9.4 当预算 B 足够大时,存在一个唯一的临界彩票值,在该临界值以下,使用 1-发财树机制时用户会感知到较大的奖励,而在此临界值之上,使用共享发财树机制时用户会感知到较大的奖励。

证明:假设一个用户的彩票价值为 $L \in [0,1]$,则可以根据式(9-4)~式(9-6)和式(9-18)分别得出他对 1-发财树机制和共享发财树机制的感知奖励。现在,我们检查是否存在彩票值,以使 1-发财树机制和共享发财树机制具有相同的奖励,即以下非线性方程是否存在(唯一)解:

$$B^\alpha \frac{L^\gamma}{(L^\gamma + (1-L)^\gamma)^{1/\gamma}} = BL \tag{9-20}$$

我们可以使用定点迭代法来解决它。首先,我们将其转换为以下定点形式:

$$L = g(L) = B^{\alpha-1} \frac{L^\gamma}{(L^\gamma + (1-L)^\gamma)^{1/\gamma}} = B^{\alpha-1} w^+(L) \tag{9-21}$$

由于 $g'(L) = B^{\alpha-1} w^{+\prime}(L)$,函数 g 是连续的,并且 $g'(L)$ 在 $(0,1)$ 上存在。因为 w^+ 是一个单调递增函数,$g(L)$ 的最大值和最小值发生在 $L=0$ 和 $L=1$ 处。我们有 $g(0)=0$ 和 $g(1)=B^{\alpha-1}$。α 和 γ 的值是已知的(和文献[28]相同):$\alpha=0.88$,$\gamma=0.61$。因此,只有当它满足 $B \geqslant 1$ 时,才有 $g(L) \in [0,1]$。根据定点定理(文献[35]中的定理 2.3),g 有至少 1 个固定点在 $[0,1]$,也就是说上面非线性方程至少有一个解。此外,可以得出:

$$g'(L) = B^{\alpha-1} \frac{(\gamma-1)L^{2\gamma-1} + L^{\gamma-1}(1-L)^{\gamma-1}(\gamma-\gamma L+L)}{(L^\gamma + (1-L)^\gamma)^{1/\gamma+1}} \tag{9-22}$$

根据 α 和 γ 的值,可以得出:当 B 足够大时,对于所有 $L \in (0,1)$,存在一个正常数 $\theta < 1$,$|g'(L)| \leqslant \theta$,然后根据不动点定理[35],在 $[0,1]$ 中恰好有一个不动点(即唯一的临界彩票值)。

此外,w^+ 是接近 0 的凹函数[28],并且共享发财树机制的奖励函数是线性的(如图 9-5 所示),因此可以得出,在临界彩票值以下用户使用 1-发财树机制会感觉到更大的收益,而高于此值时,用户使用共享发财树机制会感觉到更大的收益。 □

注意,定理 9.4 的假设足以保证唯一的临界彩票值,但不是必需的。由于非线性方程的复杂性,很难给出一般的封闭解。不过,在给定特定预算 B 的情况下,我们可以使用数值分析方法来比较各种发财树机制,并通过定点迭代方法计算临界彩票值。实际上,

只有当预算满足 $B \geqslant 0.099$ 时,才能获得唯一的临界彩票值。我们改变预算以研究其对临界彩票价值的影响,并将结果绘制在图 9-6 中,从中可以确认临界彩票值随预算增加而降低。

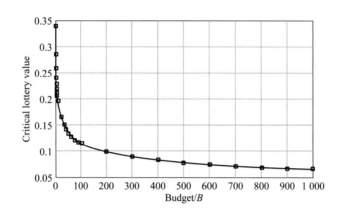

图 9-6　临界彩票值和预算的关系

9.4　实验结果与分析

为了评估在各种情况下不同发财树机制的性能,我们构建了一个仿真器并进行了充分的仿真实验。此外,还研究了预算约束和所需参与者数量的影响。在本节中,我们介绍了仿真框架、参数设置和仿真结果。

9.4.1　仿真框架和参数设置

我们基于以下四个步骤构建了一个仿真器。

步骤 1:众包组织者将众包活动信息推送(即发送邀请)给最初的一组用户。

步骤 2:每个被邀请的用户都决定是否参加该活动。具体来说,他首先根据兴趣考虑是否参加活动。如果他确实考虑并且期望按照贡献模型做出贡献,那么他将根据收益评估模型评估感知奖励。最后,如果他的感知奖励超过了基于成本模型的参与成本,他决定参加该活动。

步骤 3:每个参与者决定是否邀请其他用户。具体来说,他首先根据邀请预测模型预测有多少个他的朋友会接受他的邀请,然后根据收益评估模型计算从邀请中获得的感知收益。最后,如果他的感知收益超过了基于成本模型的发送请求的成本,他决定向基于社交网络模型确定的朋友发送邀请。

步骤 4:重复第二步和第三步,直到参与者的数量达到众包组织者的要求或者到了活动的截止时间。

前面提到的仿真框架类似于文献[20],它包括一系列文献中已被广泛接受的理论和模型。下面我们简单描述这些模型和相关参数设置。

- 社交网络模型:文献[36]介绍的一种演化网络模型可用于对用户之间的社交关系进行建模,该模型展现出社交网络的几种公认特性,如短平均路径、广分布、高集群以及社区结构。模型的三个基本参数 N_0、m_r 和 m_s 的设置与文献[36]相同。

- 参与兴趣因子:每个被邀请的用户都有两个行为意图,即表现出完全不感兴趣或有兴趣考虑是否参与。我们假设每个用户都有一个参与兴趣因子 PIF,以表达他的两个行为意图的可能性。

- 贡献模型:如前所述,我们考虑了一个更通用的模型,即异构用户模型。具体来说,假设每个用户的贡献 $C(u)$ 遵循随机均匀分布。

- 收益评估模型:如前文所述,我们利用累积前景理论计算不同机制的感知奖励。对于步骤 2,我们首先根据当前的树形结构计算彩票值,然后按照 9.3.4 节中的描述得出感知奖励。对于步骤 3,我们计算邀请新参与者得到的感知奖励,并计算它与不发送邀请的情况下得到的原始奖励的差异。用于计算彩票值的关键参数 β 和 δ 设置为与文献[19]相同,并且利用累积前景理论将其中的参数 α 和 γ 设置为与文献[28]相同。

- 招募预测模型:每个用户 u 都假定他的所有邻居 ζ_u 都未加入活动,并且如果他发送招募邀请,他的每个邻居都将以 PIF 的概率加入活动。因此,用户 u 将会预测接受招募邀请用户的数量为 $\zeta_u \times$ PIF。

- 成本模型:每个用户 u 都有参与成本 $CP(u)$,还有发送招募邀请的成本 $CS(u)$ 来表示他的预期奖励,假设两个成本遵循两种不同的随机均匀分布。

表 9-2 中列出以上模型包含的许多参数。此外,为了评估预算约束(B)和所需参与者数量(N)的影响,我们将 N 的值以 1 为增量从 5 更改为 50,并将 B 分别设置为 1 000 和 5 000 两个不同值。对于每种设置,将重复 100 次仿真实验,并各自求平均值以减少随机性。

表 9-2　参数设置

模型	参数和值
社交网络模型	$N_0 = 30, \Pr(m_r = 1) = 0.95, \Pr(m_r = 0) = 0.05, m_s \sim U[1,3]$
参与兴趣因子	$\mathrm{PIF} = 0.5$
贡献模型	$C(u) \sim U[1,500]$
收益评估模型	$\beta = 0.5, \delta = 0.08,$ $\alpha = 0.88, \gamma = 0.61$
成本模型	$\mathrm{CP}(u) \sim U[1,30]$ $\mathrm{CS}(u) \sim U[1,15]$

9.4.2　验证结果

图 9-7 显示了在不同的预算约束下,三种发财树机制(1-发财树、10-发财树和共享发财树)所需的邀请数量与所需参与者数量之间的关系。如果我们设置相同的预算约束和相同的所需参与者数量,那么要求邀请越少的机制,就越容易实现众包活动的要求。换句话说,我们将所需的邀请数量用作选择机制的关键指标。首先,当预算保持不变时,我们可以从图 9-7(a)和图 9-7(b)中分别观察到两个共同的有趣的现象。然后,通过组合图 9-7(a)和图 9-7(b)可以观察到第三种有趣现象,详述如下。

(1)所需邀请的数量随所需参与者的数量而增加。同时,共享发财树机制要求邀请数量的增加率越来越大,而 1-发财树和 10-发财树机制的增长率却相对较低。这意味着:随着所需参与者数量的增加,共享发财树机制将越来越难以实现众包活动的要求,而此时,1-发财树和 10-发财树机制可能是更好的选择。

(2)当需要的参与者数量很少时,三种发财树机制所需的邀请数量呈现以下关系:共享发财树<10-发财树<1-发财树,这意味着共享发财树机制是最佳选择;当需要大量参与者时,它呈现相反的关系:1-发财树<10-发财树<共享发财树,这意味着 1-发财树是最佳选择;而 10-发财树几乎始终不是最佳选择。通常,要求的参与者数量有一个不同的临界值,低于此值可能会首选 1-发财树而不是共享发财树,而高于这个值可能更倾向于共享发财树而不是 1-发财树。具体而言,当 $B = 1\,000(5\,000)$ 时,此临界值为 10(16)。

(3)随着预算的增加,所需参与者人数的临界值将越来越大。

总之,以上结果与累积前景理论和 9.3.4 节的分析保持一致,这也验证了 9.3.4 节所述机制选择理论的有效性。

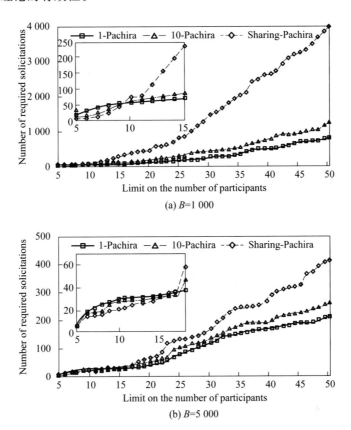

(a) *B*=1 000

(b) *B*=5 000

图 9-7　所需的邀请数量与所需的参与者数量之间的关系

9.5　本章小结

本章首次提出了预算平衡的激励树机制,称之为"广义发财树机制",要求总体支出等于所宣称的预算(即预算一致性),同时保证满足持续贡献激励、持续招募激励、报酬与贡献成正比、非营利的招募者绕过、非营利的女巫攻击五个重要特性。而且,我们设计了"1-发财树"、"*K*-发财树"和"共享发财树"三种类型的广义发财树机制,用于支持多样化的需求,并使用累积前景理论提供了一个可靠的机制选择向导。通过基于社交网络的仿真实验证实了理论分析的正确性。

市章参考文献

[1] Yang D，Xue G，Fang X，et al. Crowdsourcing to smartphones：incentive mechanism design for mobile phone sensing[C]. In Proc. of ACM MobiCom，2012：173-184.

[2] Duan L，Kubo T，Sugiyama K，et al. Incentive mechanisms for smartphone collaboration in data acquisition and distributed computing[C]. In Proc. of IEEE INFOCOM，2012：1701-1709.

[3] Lee J S，Hoh B. Sell your experiences：a market mechanism based incentive for participatory sensing[C]. In Proc. of IEEE PerCom，2010：60-68.

[4] Jaimes L G，Vergara-Laurens I，Labrador M A. A location-based incentive mechanism for participatory sensing systems with budget constraints[C]. In Proc. of IEEE PERCOM，2012：103-108.

[5] Zhang Q，Wen Y，Tian X，et al. Incentivize crowd labeling under budget constraint[C]. In Proc. of IEEE INFOCOM，2015：2812-2820.

[6] Zhang X，Xue G，Yu R，et al. Truthful incentive mechanisms for crowdsourcing[C]. In Proc. of IEEE INFOCOM, 2015：2830-2838.

[7] Zhao D，Li X Y，Ma H. Budget-feasible online incentive mechanisms for crowdsourcing tasks truthfully[J]. IEEE/ACM Transactions on Networking，2014，24(2)：647-661.

[8] Zhao D，Ma H，Liu L. Frugal online incentive mechanisms for mobile crowd sensing[J]. IEEE Transactions on Vehicular Technology，2016，66(4)：3319-3330.

[9] Guo B，Chen H，Yu Z，et al. Taskme：toward a dynamic and quality-enhanced incentive mechanism for mobile crowd sensing [J]. International Journal of Human-Computer Studies，2017，102：14-26.

[10] Ma H，Zhao D，Yuan P. Opportunities in mobile crowd sensing[J]. IEEE Communications Magazine，2014，52(8)：29-35.

[11] Lv Y，Moscibroda T. Fair and resilient incentive tree mechanisms[J]. Distributed

Computing，2016，29(1)：1-16.

[12] Pyramid scheme[EB/OL]. http://www.fbi.gov/scams-safety/fraud.

[13] Pickard G，Pan W，Rahwan I，et al. Time-critical social mobilization[J]. Science，2011，334(6055)：509-512.

[14] Emek Y，Karidi R，Tennenholtz M，et al. Mechanisms for multi-level marketing [C]. In Proc. of ACM EC，2011：209-218.

[15] Drucker F A，Fleischer L K. Simpler sybil-proof mechanisms for multi-level marketing[C]. In Proc. of ACM EC，2012：441-458.

[16] Chen W，Wang Y，Yu D，et al. Sybil-proof mechanisms in query incentive networks[C]. In Proc. of ACM EC，2013：197-214.

[17] Zhang X，Xue G，Yang D，et al. A sybil-proof and time-sensitive incentive tree mechanism for crowdsourcing[C]. In Proc. of IEEE GLOBECOM，2015：1-6.

[18] Zhang X，Xue G，Yu R，et al. Robust incentive tree design for mobile crowdsensing[C]. In Proc. of IEEE ICDCS，2017：458-468.

[19] Douceur J R，Moscibroda T. Lottery trees：motivational deployment of networked systems[C]. In Proc. of SIGCOMM，2007：121-132.

[20] Rogers P. The cognitive psychology of lottery gambling：a theoretical review [J]. Journal of gambling studies，1998，14(2)：111-134.

[21] Luo T，Kanhere S S，Huang J，et al. Sustainable incentives for mobile crowdsensing：auctions，lotteries，and trust and reputation systems [J]. IEEE Communications Magazine，2017，55(3)：68-74.

[22] Reddy S，Estrin D，Hansen M，et al. Examining micro-payments for participatory sensing data collections[C]. In Proc. of UbiComp，2010：33-36.

[23] Musthag M，Raij A，Ganesan D，et al. Exploring micro-incentive strategies for participant compensation in high-burden studies[C]. In Proc. of UbiComp，2011：435-444.

[24] Celis L，Roy S，Mishra V. Lottery-based payment mechanism for microtasks [C]. In Proc. of the AAAI Conference on Human Computation and Crowdsourcing，2013：12-13.

[25] Rula J P，Navda V，Bustamante F E，et al. No one-size fits all：towards a principled approach for incentives in mobile crowdsourcing[C]. in Proc. ACM

HotMobile, 2014: 1-5.

[26] Rokicki M, Chelaru S, Zerr S, et al. Competitive game designs for improving the cost effectiveness of crowdsourcing [C]. In Proc. of CIKM, 2014: 1469-1478.

[27] Rokicki M, Zerr S, Siersdorfer S. Groupsourcing: team competition designs for crowdsourcing[C]. in Proc. WWW, 2015: 906-915.

[28] Tversky A, Kahneman D. Advances in prospect theory: cumulative representation of uncertainty[J]. Journal of Risk and uncertainty, 1992, 5(4): 297-323.

[29] Sensorly[EB/OL]. http://www. sensorly. com.

[30] Stevens M, D'Hondt E. Crowdsourcing of pollution data using smartphones [C]. Workshop on Ubiquitous Crowdsourcing, 2010: 1-4.

[31] Dutta P, Aoki P M, Kumar N, et al. Common sense: participatory urban sensing using a network of handheld air quality monitors[C]. In Proc. of ACM SenSys, 2009: 349-350.

[32] Liu K, Li X. Finding nemo: finding your lost child in crowds via mobile crowd sensing[C]. In Proc. of IEEE MASS, 2014: 1-9.

[33] Gigwalk[EB/OL]. https://www. www. gigwalk. com.

[34] Kahneman D, Tversky A. Prospect theory: an analysis of decision under risk [M]. Handbook of the fundamentals of financial decision making: Part I. 2013: 99-127.

[35] Burden R L, Faires J D. Numerical analysis[M]. 9th ed. Brooks/Cole, Cengage Learning. 2010.

[36] Toivonen R, Onnela J P, Saramäki J, et al. A model for social networks[J]. Physica A: Statistical Mechanics and its Applications, 2006, 371(2): 851-860.

第10章
激励机制应用实验研究

10.1 引　　言

在移动群智感知网络的研究中,现有的大部分激励机制过于偏重于理论建模分析,如基于斯塔克尔伯格博弈[1, 2]和基于反向拍卖[1, 3-5]的激励机制,常常通过仿真实验对其进行性能验证,但在实际应用场景中缺乏对其可行性和有效性的充分验证。相比之下,考虑到心理学和社会学的实际因素,最近的一些研究工作[6-9]探索了不同的货币激励机制,并在实际实验中进行了性能评估。然而,文献[6, 7]只关注基于 Web 的简单众包应用的激励机制,没有充分考虑参与式感知应用中感知数据的时间和位置依赖性,而文献[8, 9]没有考虑长期的感知数据收集需求。同时,这些研究都没有对激励树机制进行实验研究。因此,本章主要关注激励机制应用实验研究。首先,10.2 节重点面向长期感知数据收集的参与式感知应用开展应用实验研究,即招募用户花时间来获取带有时间和地理标签的天空图像,以建立大规模的数据集,用于室外空气质量等级推断的研究。我们研究了三种激励机制:线性奖励、竞争和随机红包,并尝试将三种激励机制按不同顺序进行组合,在三所大学进行为期 6 周的应用实验,评估它们对长期数据收集性能的影响。然后,10.3 节介绍了激励树机制相关的应用实验研究,通过设计一款"校园寻宝"手机游戏并招募用户进行基于移动群智感知的目标搜寻实验,对第 9 章所介绍的 1-发财树、K-发财树和共享发财树三种激励树机制进行对比,并使用相对参与率、参与者的总贡献和参与者的平均贡献三个指标对多组实验结果进行了分析。最后,10.4 节对本章内容进行了总结。

10.2 面向长期感知数据收集的多样化激励机制应用实验研究

如前所述,移动群智感知网络有两类感知模式:机会感知[10]和参与式感知[11]。本节主要关注后者,它要求参与者通过确定何时、何地以及使用什么传感器来有意识地收集感知数据以满足应用需求。有很多文献介绍了这样的参与式感知应用,例如,GarbageWatch、What's Bloomin 和 AssetLog 系统用于记录大学校园中各种资源的使用问题,其方法是拍摄各种校园资源(如室外垃圾箱、植物用水、自行车架、回收箱和充电站等)的带地理位置标记的图像[12]。还有一些用于参与式感知数据收集的移动群智感知平台,例如,微软使用 Gigwalk 平台[13]招募用户拍摄全景图像并将其添加到必应地图中;P&G、Unilever 和 Danone 等许多商业公司使用 Jana 平台[14]在购物中心招募消费者进行消费调查、推出产品促销活动等。与机会感知相比,参与式感知应用需要用户花费更多的时间和成本来收集感知数据,因为用户通常需要在特定的时间段内移动到特定的位置并执行特定的操作,如拍摄图像。因此,有必要设计一种有效的激励机制来吸引用户主动参与感知数据的收集。

本节主要考虑了一种新的参与式感知应用,即招募一些学生花时间来拍摄带时间和地理位置标签的天空图像,以构建大规模的天空图像数据集,利用机器学习模型,结合天气、交通等数据,进行室外空气质量等级推断的研究(详见文献[15])。针对该应用,有必要设计激励机制,以满足长期参与式感知应用的两个关键要求。

(1)长期的用户参与。它需要收集一个长时间(如几个月)的大规模天空图像数据集,以便足够训练一个可靠的机器学习模型并进行充分的实验评估。

(2)时间和地点依赖性。它需要在不同的时间和地点收集足够的天空图像。具体来说,需要每小时在某些特定位置周围收集特定数量的天空图像。

然而,满足上述要求是有挑战性的。一方面,随着时间的推移,参与者的好奇心和热情会逐渐降低,因此不仅参与者的总人数,而且每个参与者收集的感知数据量也会随着时间的推移而减少。另外,由于受人类日常活动的影响,很难保证每个地点每小时都能完成数据收集任务。

为了应对这些挑战,我们首先将一天划分为多个时间段,并对每个时间段分别采用激励机制。更重要的是,我们探索了多种激励机制,并对其长期效果进行了性能评估。

具体来说,我们考虑了三种激励机制:线性奖励机制、竞争机制和随机红包机制。前两种机制的类似版本在文献[6]中被提出,并进行了详细的实验比较,但它们是用于基于 Web 的简单众包应用,而不是长期的参与式感知数据收集应用。另外,与文献[6]中简单的随机机制不同,我们设计了一种新的随机红包机制,每当采集到天空图像时,通过获得随机奖励,参与者可以体验到更多的乐趣。该理念来自大家非常熟悉的微信红包应用。更重要的是,我们将这三种激励机制按不同的顺序进行组合,研究它们对长期数据收集性能的影响。具体来说,我们采用了三种不同顺序的激励机制,并在三所大学进行了为期六周的实际实验。我们每两周为每所大学改变一次激励机制。实验共有 73 个用户参与,共收集了 20 412 张天空图像。通过对这些实验数据进行分析,得到了一些有趣的结论,为设计长期参与式感知数据收集的多样化激励机制提供了重要指导。

接下来本节将首先详细介绍长期的天空图像数据收集应用需求和相应的激励目标,接着分别介绍三种激励机制和应用实验的设计细节,最后从不同角度对实验结果进行分析。

10.2.1 长期的天空图像数据收集应用需求

目前,人们越来越关注空气质量问题。特别是在中国,雾霾现象在很多地区都非常普遍和严重,人们都习惯在出行前查看附近地区的 PM 2.5 指数。虽然有一些空气质量监测站配备了专门的设备,但它们太昂贵,难以大规模部署。相比之下,一些研究人员建议利用移动用户或带有感知装置的车辆,以移动群智感知方式,以较低的成本进行大规模空气质量监测[16]。与这种方式相比,我们的目标是使用现成的智能手机而不是专门的设备,只需通过拍摄天空图像来实现 PM 2.5 指数的推断。通过将精心挑选的图像特征和基于监控摄像头图像的机器学习方法相结合,已经取得了不错的效果[17],现在我们进一步关注通过使用从智能手机摄像头普遍收集的图像来改进性能。具体来说,我们需要在指定的几个空气质量监测站附近长时间收集大量的带时间和地理位置标记的天空图像,以训练可靠的机器学习模型并进行充分的实验评估。同时,由于空气质量是随时间变化的,所以需要收集不同时间段的天空图像。因此,我们将一天划分为多个时间段,并在每个时间段内均匀分配任务。

基于上述应用需求,我们考虑一种 n 个用户的场景 $U = \{u_1, u_2, u_3, \cdots, u_n\}$,每天向用户分发总预算为 M 的数据收集任务。对于每个任务,我们规定用户需要拍摄两张天空图像。每天的任务总数为 T。用户 u_i 完成的任务数量为 $t(u_i)$,获得的奖励为 $r(u_i)$,并且

满足 $\sum_{i=1}^{n} r(u_i) \leqslant M$。所有用户实际完成的总任务数量表示为 $T' = \sum_{i=1}^{n} t(u_i)$，并且满足 $T' \leqslant T$。如果所有任务都完成，则满足 $T' = T$，并且 $\sum_{i=1}^{n} r(u_i) = M$。

在我们的场景中，将一天分成从上午 9 点到下午 6 点的 10 个时段。在每个时段，我们分配 $T_p = 15$ 个任务。设定每个时段的预算为 $m = 6$ 元，总预算为 $M = 60$ 元。总体来说，我们的激励目标是在总预算约束下完成尽可能多的任务，即收集尽可能多的天空图像。

10.2.2　多样化激励机制设计

我们采用了三种不同的激励机制，包括线性奖励机制、竞争机制和随机红包机制，这三种激励机制设置的每天的总预算、任务总数及任务发布时间等条件都是相同的。同时，在我们的系统中，用户总是被告知他完成的任务数量和他收到的奖励。我们还提供了一个排行榜来显示用户的表现，该排名每天都有，给新用户提供夺冠的机会。通过这种方式，用户可以将自己的表现与其他用户进行比较，从而进一步提高其参与度。三种激励机制具体描述如下。

- 线性奖励机制：用户每完成一个任务获得一个固定的奖励，其获得的总奖励与完成的任务总数呈线性关系。具体来说，每个用户 u_i 得到一个奖励 $r(u_i) = t(u_i) \times v$，其中 v 是一个常数，表示每个任务的价值。在我们的实验中，v 值等于 0.2 元，通过 $v = m/T_p (T_p = 15, m = 6)$ 计算得出。每天的总成本为 $T' \times v$。这种机制在众包应用中十分常见，在文献[6]中被当作一种基准方法以对比其他机制的有效性。此外，我们根据每个用户完成的任务数量在排行榜上显示前 10 名。

- 竞争机制：根据用户在完成任务数量的排行榜中的位置来奖励用户，排名越靠前，越容易获得奖励。在我们的系统中，根据用户完成任务的数量对他们进行排名。$r(u_i)$ 取决于 u_i 在排行榜中的位置。我们用 $h(u_i) \in \{1, \cdots, n\}$ 表示用户 u_i 的排名，$h(u_i) = k$ 表示 u_i 是排行榜上的第 k 个用户。实际上，我们每天都会对用户进行排名，然后分别支付 30 元、15 元、8 元、4 元和 3 元给前 5 名用户。在采用竞争机制的时间段内，每个用户只能从排行榜中得知谁在他前面，谁在他后面。我们之所以在系统中进行如此设置，是为了触发排行榜中的竞争行为，同时避免为排名较低的用户带来太多的挫败感。

- 随机红包机制：给完成任务的用户一个随机的奖励。这种机制的思想类似于微信红包。微信红包之所以如此流行,是因为在打开红包之前不知道里面放了多少钱,充满趣味性。我们认为这可能是一种很好的激励机制,因此对该方法进行了改进并将其应用于研究中。在我们的场景中,我们的平台被视为红包的赞助商,用户是参与者。我们希望每个任务都有回报,并确保所有任务对用户都有价值。所以设定每个任务都有一个小的奖励值,即 0.02 元,剩余的部分随机分配给所有任务。为了鼓励用户尽快参与任务,我们按金额对红包进行分类。在每个阶段,前面的任务比后面的任务包含更多的钱。用户完成一项任务后,系统会显示他刚拿到多少钱。此外,当我们使用随机红包机制时,排行榜按用户的总奖励进行排序。

10.2.3 多样化激励机制应用实验设计

为了方便收集天空图像,我们构建了一个基于安卓系统的手机应用程序,供用户对天空进行拍照,并将图像和相关信息上传到服务器。现在,我们简要描述用于数据收集的应用程序工作流程。

本系统的工作流程如图 10-1 所示。具体来说,服务器分发任务后,想要参与的用户会接收到一个任务,然后根据需要拍摄两张天空图像。用户将图片上传至服务器后,我们的平台根据奖励机制计算用户的奖励,并立即向用户反馈。只有用户完成了当前任务,他才能收到新任务。另外,用户可以查看其完整的参与历史,如图 10-2 所示。系统还显示了一些用户的排名信息,如图 10-3 所示。

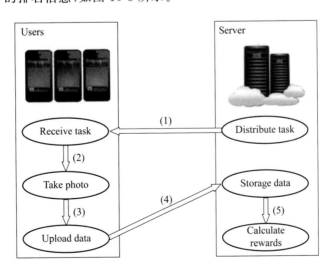

图 10-1 收集天空图像的 App 工作流程

图 10-2　用户参与任务信息

图 10-3　用户参与度排行榜

我们首先在北京邮电大学、北京交通大学和北京理工大学三所高校招募学生。每个想要参与的用户需要先下载我们的 App 并登录系统。为了在任务完成后获得奖励,每个用户都有一个唯一的用户 ID。从上午 9 点到下午 6 点,我们每小时分配 15 项任务。服务器分配任务后,用户可以接收任务,按照我们的规则拍摄天空图像,最后上传到服务器。

我们在三所大学依次使用不同的激励机制开展实验,每种机制持续两周,一共为期 6

周。具体实验顺序如表 10-1 所示。

表 10-1　在三所大学中使用的激励机制顺序

	1~2 周	3~4 周	5~6 周
北京邮电大学（BUPT）	线性奖励机制	随机红包机制	竞争机制
北京理工大学（BIT）	竞争机制	线性奖励机制	随机红包机制
北京交通大学（BJT）	随机红包机制	线性奖励机制	竞争机制

10.2.4　实验结果与分析

在天空图像收集实验中，共有 104 个用户注册，其中 73 个用户参与了数据收集任务。在 6 周的实验中，总共收集了 20 412 张天空图像。

图 10-4 显示了三所大学在每个机制实验期间的用户总数，图 10-5 显示了每个激励机制实验期间用户收集的图像平均数量。主要结果分析如下。

（1）无论采用什么顺序，用户总数都在逐渐减少。

（2）收集的图像平均数量与具体的激励机制有关。图 10-5 显示了由竞争机制收集的图像数量多于随机红包机制，并且随机红包机制多于线性奖励机制。因此，在这些机制中，竞争机制是提高用户参与度的最佳途径。

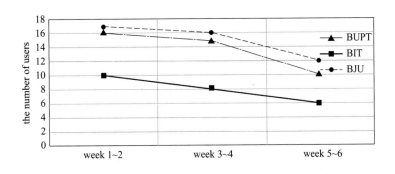

图 10-4　两周内参与实验的用户总数

图 10-6 显示了使用竞争机制时三所大学中前 5 名用户完成的任务数量。可以看出，前 5 名用户的参与度保持稳定的趋势，前 2 名用户的参与度明显高于其他用户。

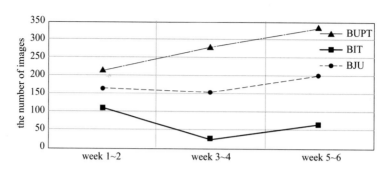

图 10-5　每种激励机制下单个用户收集的图像平均数量

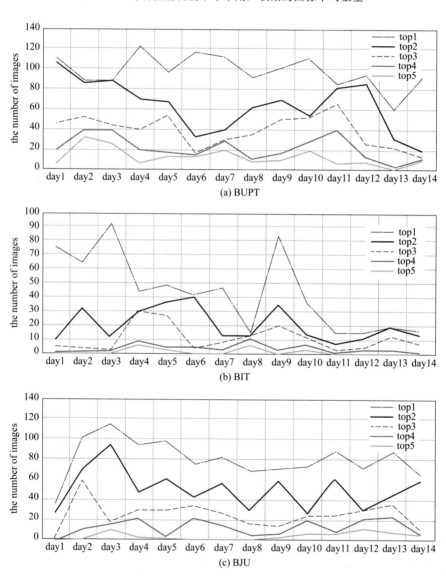

图 10-6　三所大学在竞争机制下前 5 名用户收集的图像数量

图 10-7 显示随机红包机制也具有良好的数据收集性能。如图 10-5 所示,它在个体参与度上的表现优于线性奖励机制。同时,当采用随机红包机制时,用户之间的性能差异相对小于竞争机制。此外,随机红包机制对个体活动的影响并不稳定,有时候用户的热情很高,但有时候很低。

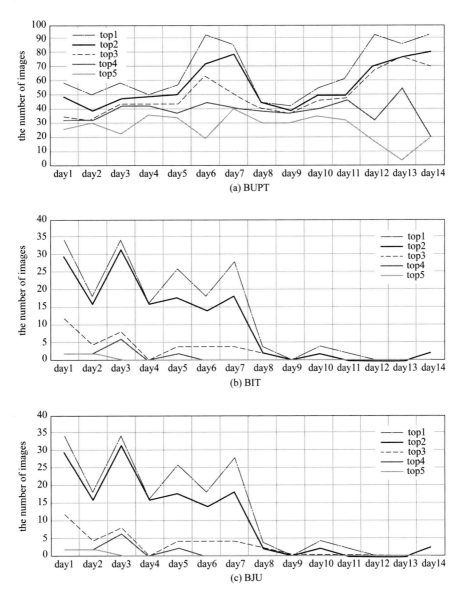

图 10-7　三所大学在随机红包机制下前 5 名用户收集的图像数量

为了研究激励机制的改变对参与式感知数据收集的性能影响。我们把每两周看成一个时间段,在不同的学校按照不同的顺序轮换使用三种激励机制,从而比较不同时间段的性能变化,结果分别如图 10-8、图 10-9 和图 10-10 所示。具体分析如下。

- 图 10-8 显示了在这三所大学中,无论采用什么顺序,用户收集的图像总数和每段时间中的用户总数都会随着时间的推移而减少。

- 图 10-9 显示用户数量与激励机制顺序无关,改变激励机制对用户数量影响较小。

- 从图 10-10 可以看出,用户在每种激励机制下所拍摄的图像平均数量有所减少,改变该机制后,用户所拍摄的图像平均数量有所增加。因此可以得知,如果在参与式感知数据采集中长期使用一种激励机制,将失去对用户的吸引力;而改变激励机制对长期数据收集中的用户参与度有积极影响。

- 从图 10-10 可以看出,在北京理工大学(BIT)开展的实验中,一开始就采用竞争机制,这种方式减少了大量用户的参与度。因为当使用竞争机制时,只有 5 个用户可以得到奖励,而大多数没有得到奖励的用户都会退出任务。而在北京邮电大学(BUPT)和北京交通大学(BJU)开展的实验中,最开始使用的是所有用户都能获得利益的激励机制类型,这种方式要比一开始使用竞争机制效果好一些。

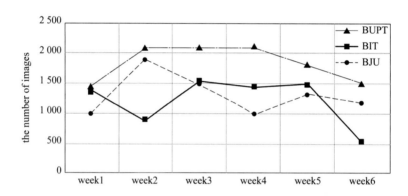

图 10-8　用户每周拍摄的图像总数

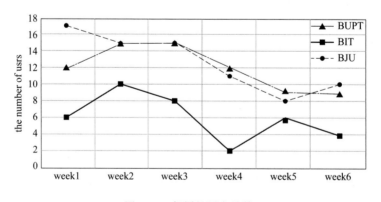

图 10-9　每周的用户总数

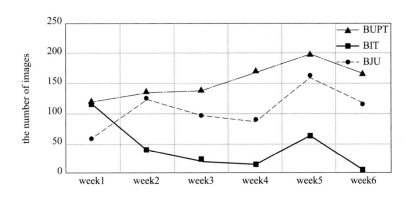

图 10-10　用户每周拍摄的图像平均数量

　　总体来说,在长期参与式感知数据收集任务中,参与用户数量会逐渐减少,可以通过改变激励机制来提高参与者的积极性。同时,在参与式感知任务刚开始时,最好采用一种所有用户都能受益的机制,会取得更好的效果。

10.3　激励树机制应用实验研究

　　激励树机制可应用于许多移动群智感知应用中。现在,让我们考虑一个潜在的应用场景——基于移动群智感知的协同目标搜寻,用于协同寻找丢失的目标,如孩子、宠物、智能手机、钥匙和钱包。在文献[18]中,作者设计了一个名为"Finding Nemo"的系统,通过移动群智感知方式寻找丢失的儿童。该系统假定一个孩子在他的衣服或鞋子上佩戴了蓝牙低功耗外围设备(如 Chipolo[19]),蓝牙设备的低功耗和小型化特点使其非常适合连续跟踪孩子;如果孩子丢失了,可以通过连续的蓝牙扫描招募许多智能手机用户协同寻找他。毫无疑问,用户激励是该应用成功的关键。为了评估第 9 章介绍的发财树激励机制的性能,我们设计了一个有趣的实验性手机游戏——寻宝(treasure hunt),因为相同的内在机制,可直接应用于寻找丢失的目标。在本节中,我们首先介绍"寻宝"游戏的设计,然后提供一系列实验和一些用于评估发财树机制性能的指标,最后展示我们的实验结果。

10.3.1　寻宝:实验性手机游戏设计

　　寻宝游戏主要涉及以下三种角色。

(1) 位于云端的众包组织者:负责发布寻宝任务,记录用户的参与过程及奖励分配情况。

(2) 一组用户:他们注册了我们开发的移动应用程序,使用支持蓝牙的智能手机玩游戏。

(3)"宝藏":实际上是一个使用支持蓝牙的智能手机的自由移动的志愿者。

本质上,寻宝游戏就是通过用户携带的手机进行蓝牙信号扫描,当靠近"宝藏"时能自动通过蓝牙发现它。一个寻宝任务可以通过奖励预算、所需参与者的数量、待寻找的"宝藏"ID(即其蓝牙 ID)、任务期限和激励类型来表示。手机 App 的两个主界面如图 10-11 所示。接下来,我们将分别介绍游戏的操作过程、贡献函数设计和激励机制设计。

(a) 接收任务信息决定是否参与的界面　　(b) 决定是否通过社交网络发送邀请的界面

图 10-11　寻宝 App 的两个主要界面

寻宝游戏的操作过程主要包括以下六个步骤。

(1) 众包组织者发布寻宝任务,并将相关信息推送给所有注册用户,如图 10-11(a)所示。请注意,只有部分在后台运行我们的应用程序并保持互联网连接的用户可以及时获取任务信息。

(2) 由接收任务信息的用户决定是否参与活动。如果参与,则打开蓝牙,并选择性地打开 GPS,然后周期性地向众包组织者报告参与信息(包括蓝牙扫描的持续时间和 GPS 坐标)。

(3) 每个参与用户决定是否通过社交网络向其他用户发送邀请,如图 10-11(b)所示。

提供了四种共享信息的选项,包括两种最受欢迎的社交网络服务 QQ 和微信,用于发送邀请。同时,众包组织者记录邀请结构。

(4) 如果某个用户发现了"宝藏",那么他会将结果报告给众包组织者。

(5) 当参与者的数量达到要求时,则没有用户可以再参加活动了。

(6) 活动到达截止时间后,众包组织者根据参与者的贡献、邀请关系建立的激励树,以及宣布的激励机制分配奖励。

寻宝游戏的贡献函数设计:直观上,我们希望每个用户 u 都有较长的蓝牙扫描时间和较长的行进距离,以便更轻松地找到宝藏。因此,我们通过综合考虑以下三个因素来设计贡献函数 $C(u)$:蓝牙扫描的持续时间 $\mathrm{Dur}(u)$、行进距离 $\mathrm{Dis}(u)$ 以及用户是否找到宝藏 $\mathrm{Find}(u)$(布尔函数),即

$$C(u)=0.5\times\mathrm{Dur}(u)+0.5\times0.1\times\mathrm{Dis}(u)+120\times\mathrm{Find}(u) \tag{10-1}$$

在这里,$\mathrm{Dur}(u)$ 以分钟为单位,$\mathrm{Dis}(u)$ 以米为单位,数字 0.5 是权重系数,设置 0.1 是因为在我们的实验中 1 米的行进距离平均需要大约 0.1 分钟,120 表示将为在 120 分钟(任务持续时间)内找到宝藏的用户计算额外的贡献。

寻宝游戏的激励机制设计:寻宝游戏的最重要目标之一是通过实际实验来比较三种发财树机制:1-发财树、K-发财树和共享发财树。但是,如果我们直接描述它们,用户似乎很难理解这些机制的细节。实际上,用户完全不必了解这种复杂的设计。相反,我们只需要告诉用户一个简单的规则:"每个用户都将获得价值,并将根据价值得到回报。"

为了使用户更直观地了解如何评估他们的价值,我们向他们提供以下描述:

"打开蓝牙的持续时间越长,旅行距离越长(基于 GPS 轨迹),您推荐的朋友越多,那么您获得的价值就越高。此外,第一个参与者和发现宝藏的参与者将获得额外的价值。"

此外,我们分别向用户展示了 1-发财树、K-发财树和共享发财树机制的直观描述。

- "机制 A:只有一名参与者可以获得所有奖励(B)。当然,价值越高,您获胜的可能性就越大。"

- "机制 B:我们将抽奖 K 次,每名中奖者将获得总奖励(B)的 K 分之一。价值越高,您获胜的可能性就越大。"

- "机制 C:每个参与者都可以得到奖励。价值越高,奖励越高。但是总预算是 B。"

10.3.2 实验设置和评估指标

我们在大学校园内进行寻宝实验。为了方便比较各种发财树机制,在实验正式开始

前两天,我们需要有一组注册用户作为基础。因此,我们首先在大学 BBS 和社交网络中的一些社交群(QQ 和微信)上发布广告以征集用户在我们的手机 App 中进行注册。在我们的广告中,我们告诉用户游戏规则,并宣布以 500 元人民币的预算来招募人数不限的用户,用户们将平分奖励。

最后,在实验正式开始之前,有 62 位用户在我们的 App 中注册。之后,我们在 9 天内发布了 12 个寻宝任务。每个任务在随机时间开始,持续两个小时。为了调查所需参与者人数的影响,我们将 N 分别设置为 10(任务 1～3)和 50(任务 4、6、8)两个值,将预算约束固定为 $B=100$ 元人民币。同时,为了调查预算约束(B)的影响,我们将 B 的三个值分别设置为 50 元(任务 5、7、9)、100 元(任务 4、6、8)和 500 元(任务 10～12),同时将 N 的值固定为 50。详细设置如表 10-2 所示。

表 10-2　寻宝游戏实验设置

任务编号	活动时间	预算(B)	参与者数量约束(N)	发财树机制
1	第一天	100 元	10	1-发财树
2	第二天	100 元	10	共享发财树
3	第三天	100 元	10	5-发财树
4	第四天	100 元	50	1-发财树
5	第四天	50 元	50	1-发财树
6	第五天	100 元	50	共享发财树
7	第五天	50 元	50	共享发财树
8	第六天	100 元	50	5-发财树
9	第六天	50 元	50	5-发财树
10	第七天	500 元	50	1-发财树
11	第八天	500 元	50	共享发财树
12	第九天	500 元	50	5-发财树

总体来说,应该考虑三个性能指标:参与者总数、参与者的总贡献以及参与者的平均贡献。还需要考虑两个实际因素。首先,常见的现象是用户的参与热情随着时间而下降,这已经在一些文献[20, 21]中进行了描述,并通过长期的实验[22]得到了证实。这意味着直接比较参与者总数是不公平的,因为我们的实验跨度很长。为了减少此因素的影响,我们考虑另一个指标,即活跃用户总数,即在某一天打开过 App 的用户数量。注意,活跃

用户打开 App 的原因可能是他对 App 本身或对特定任务的兴趣。参与者必须对特定任务感兴趣。因此,我们使用称为"相对参与率"(RPR)的度量指标表示任务的实际吸引力,定义如下:

$$RPR = \frac{\text{参与者数量}}{\text{活跃用户数量} - \text{参与者数量}} \tag{10-2}$$

分母可以用来表示独立于特定任务的用户的实际活动状态。

其次,用户是否可以找到"宝藏"存在很大的随机性。为了减少该因素对评估不同激励机制的影响,我们修改了式(10-1)中的贡献函数:

$$C(u) = 0.5 \times \text{Dur}(u) + 0.5 \times 0.1 \times \text{Dis}(u) \tag{10-3}$$

它用于计算参与者的总贡献(TCP)和参与者的平均贡献(ACP)。

10.3.3 实验结果与分析

在我们的实验中,有 20 个新用户在我们的 App 中注册,因此共有 82 个用户。但是,每天总会有一些不活跃的用户。首先,我们验证用户参与热情随时间下降的现象。图 10-12 显示了 9 天里活跃用户数量的变化。通常,活跃用户的数量会随着时间的推移而显著下降。尽管活跃用户的数量在第 4 天和第 7 天显示出短暂的增加,但是一个主要原因是预算(B)的增加或参与者数量的限制(N)。此外,对于相同的 B 和 N 设置(分别比较第 1~3 天、第 4~6 天和第 7~9 天),活动用户的数量显示出随时间显著下降的趋势。如前所述,这证明了使用指标 RPR 的合理性。

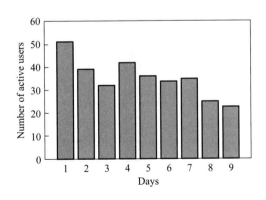

图 10-12 9 天里活跃用户数量的改变

接下来,我们根据前面介绍的三个指标(RPR、TCP 和 ACP)分析实验结果。此外,还研究了预算约束(B)和所需参与者人数(N)的影响。注意,当我们将 N 设置为 10 时,参与者的数量达到了所有三种激励机制的人数限制。因此,在第 1～3 天的实验中不必考虑 RPR 和 ACP。

相对参与率(RPR):图 10-13 显示了当我们固定 $N=50$ 时,在不同预算约束下的 RPR。当 $B=50$ 元人民币时,1-发财树的 RPR 最高;当 $B=100$ 元人民币时,三个机制的 RPR 非常接近;当 $B=500$ 元人民币时,共享发财树具有最高的 RPR。

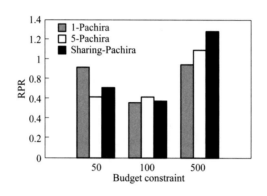

图 10-13　当参与者人数限制固定为 $N=50$ 时,在不同预算约束下的相对参与率

参与者的总贡献(TCP):图 10-14 绘制了当我们固定 $B=100$ 时 N 的不同值下的 TCP,从中我们观察到,当需要少量参与者时,共享发财树具有最高的 TCP,而当需要大量参与者时,1-发财树具有最高的 TCP。图 10-15 绘制了当我们固定 $N=50$ 时 B 的不同值下的 TCP,从中我们观察到,当预算约束较小(50 元或 100 元人民币)时,1-发财树具有最高的 TCP,而当预算约束较大时(500 元人民币),共享发财树的 TCP 最高。

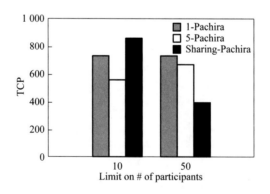

图 10-14　当预算固定为 $B=100$ 元人民币时,参加者在不同人数限制下的总贡献

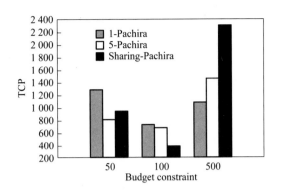

图 10-15　当参与者人数的限制固定为 $N=50$ 时,在不同预算约束下参与者的总贡献

参与者的平均贡献(ACP):图 10-16 绘制了当我们固定 $N=50$ 时,在不同预算约束下的 ACP。当 $B=50$ 元人民币时,1-发财树的 ACP 略高于其他两种机制。当 $B=100$ 元人民币时,1-发财树具有与 5-发财树类似的 ACP,这显然高于共享发财树;当 $B=500$ 元人民币时,共享发财树具有最高的 ACP,明显高于其他两种机制。

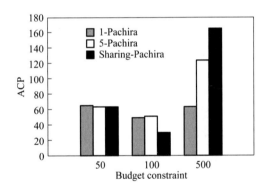

图 10-16　当参与者人数的限制固定为 $N=50$ 时,在不同预算约束下参与者的平均贡献

总之,以上结果几乎与第 9 章所述的累积前景理论和 9.3.4 节中的分析一致,这也验证了我们在 9.3.4 节中所述的机制选择理论的有效性。值得注意的是,个别结果似乎与理论分析或我们的直觉不太吻合。例如,当 $N=50$ 时,预算 100 元人民币导致 RPR、TCP 和 ACP 低于预算为 50 元人民币时的结果。这可能是由于任务发布时间或订单的影响。另外,5-发财树有时候是最好的,有时却是最差的,表现出轻微的不稳定,这是因为人类的心理和行为本身非常复杂,非常难以理解。尽管如此,它并不会影响我们的实验结果中明显的规律性,而这确实与我们在 9.3.4 节中给出的理论指导非常吻合。

10.4 本章小结

本章开展了两项激励机制应用实验研究:①面向基于移动群智感知的空气质量监测应用,设计了包括线性奖励、竞争和随机红包三种机制的多样化激励机制,并将它们按不同的顺序组合起来,应用于长期的带时间和地理位置标记的天空图像数据收集,评估了它们对长期参与式感知数据收集性能的影响;②面向基于移动群智感知的协同目标搜寻应用,设计并实现了一个"校园寻宝游戏",对第9章所设计的广义发财树激励机制进行了性能验证,证实了我们在9.3.4节提出的机制选择理论在现实生活中的有效性和重要应用价值。

本章参考文献

[1] Yang D, Xue G, Fang X, et al. Crowdsourcing to smartphones: Incentive mechanism design for mobile phone sensing[C]. In Proc. of ACM MobiCom, 2012: 173-184.

[2] Duan L, Kubo T, Sugiyama K, et al. Incentive mechanisms for smartphone collaboration in data acquisition and distributed computing[C]. In Proc. of IEEE INFOCOM, 2012: 1701-1709.

[3] Zhao D, Li X Y, Ma H. How to crowdsource tasks truthfully without sacrificing utility: online incentive mechanisms with budget constraint[C]. In Proc. of IEEE INFOCOM, 2014: 1213-1221.

[4] Zhao D, Ma H, Liu L. Frugal online incentive mechanisms for mobile crowd sensing[J]. IEEE Transactions on Vehicular Technology, 2016, 66(4): 3319-3330.

[5] Jin H, Su L, Chen D, et al. Quality of information aware incentive mechanisms for mobile crowd sensing systems[C]. In Proc. of ACM MobiHoc, 2015: 167-176.

[6] Rokicki M, Chelaru S, Zerr S, et al. Competitive game designs for improving the cost effectiveness of crowdsourcing[C]. In Proc. of ACM CIKM, 2014:

1469-1478.

[7] Rokicki M, Zerr S, Siersdorfer S. Groupsourcing: team competition designs for crowdsourcing[C]. In Proc. WWW, 2015: 906-915.

[8] Musthag M, Raij A, Ganesan D, et al. Exploring micro-incentive strategies for participant compensation in high-burden studies[C]. In Proc. of ACM UbiComp, 2011: 435-444.

[9] Reddy S, Estrin D, Hansen M, et al. Examining micro-payments for participatory sensing data collections[C]. In Proc. of ACM UbiComp, 2010: 33-36.

[10] Ma H, Zhao D, Yuan P. Opportunities in mobile crowd sensing[J]. IEEE Communications Magazine, 2014, 52(8): 29-35.

[11] Burke J A, Estrin D, Hansen M, et al. Participatory sensing[C]. In Proc. of ACM SenSys Workshop on World-Sensor-Web, 2006.

[12] Reddy S, Estrin D, Srivastava M. Recruitment framework for participatory sensing data collections[C]. International Conference on Pervasive Computing. 2010: 138-155.

[13] Gigwalk[EB/OL]. http://www.gigwalk.com/.

[14] Jana[EB/OL]. http://www.jana.com/home.

[15] Liu L, Liu W, Zheng Y, et al. Third-eye: a mobilephone-enabled crowdsensing system for air quality monitoring[J]. Proc. ACM Interact. Mob. Wearable Ubiquitous Technol, 2018, 2(1): 1-26.

[16] Dutta P, Aoki P M, Kumar N, et al. Common sense: participatory urban sensing using a network of handheld air quality monitors[C]. In Proc. of ACM SenSys, 2009: 349-350.

[17] Zhang Z, Ma H, Fu H, et al. Outdoor air quality level inference via surveillance cameras[J]. Mobile Information Systems, 2016.

[18] Liu K, Li X. Finding nemo: finding your lost child in crowds via mobile crowd sensing[C]. In Proc. of IEEE MASS, 2014: 1-9.

[19] Chipolo[EB/OL]. https://www.chipolo.net/.

[20] Lee J S, Hoh B. Sell your experiences: a market mechanism based incentive for participatory sensing[C]. In Proc. of IEEE PerCom, 2010: 60-68.

[21] Gao L, Hou F, Huang J. Providing long-term participation incentive in participatory

sensing[C]. In Proc. of IEEE INFOCOM, 2015: 2803-2811.

[22] Ji X, Zhao D, Yang H, et al. Exploring diversified incentive strategies for long-term participatory sensing data collections [C]. In Proc. of BIGCOM, 2017: 15-22.

第11章
总结与展望

移动群智感知网络将普通用户的移动设备作为基本感知单元,通过移动互联网进行有意识或无意识的协作,实现感知任务分发与感知数据收集,完成大规模的、复杂的社会感知任务,为物联网提供了一种全新的感知模式。在传统的无线传感器网络中,数据收集问题已经积累了较多的研究成果,但难以直接应用于移动群智感知网络之中,并且缺乏对用户激励的考虑。本书围绕着移动群智感知网络中数据收集质量的度量模型、协作机会感知和传输方法、用户参与激励机制三个角度开展了深入的研究。本书的主要贡献如下。

(1)提出了覆盖质量度量模型与分析方法。考虑到移动群智感知网络中感知覆盖的时变因素,提出了覆盖间隔时间作为度量指标。基于北京和上海出租车移动轨迹数据集的分析,建立了覆盖间隔时间的分布模型及整个感知区域的覆盖率与节点个数关系的表达式。所提出的覆盖质量度量模型与分析方法为合理规划网络提供了理论依据。

(2)联合考虑机会式感知和传输过程,建立了机会数据收集统一延迟分析框架。在该框架下,分析了感知延迟和传输延迟随着移动节点个数、移动速度、感知半径和传输半径的变化规律,并且调查了汇聚节点的部署机制和传输机制对传输延迟的影响;提出了一个称为"数据收集延迟"的新的性能指标来联合考虑感知延迟和传输延迟,并分析了其在各种情况下的分布规律。通过仿真实验验证了理论分析的正确性。

(3)基于时空相关性,提出了协作机会感知架构,以能量有效的方式提供满意的数据收集质量。首先,提出离线的节点选择机制,根据给定的节点集合的历史移动轨迹从中选择最少个数的节点子集,使其满足指定的覆盖质量需求;其次,设计一个在线的自适应采样机制,根据感知数据的时空相关性,自适应地决定每个节点在某个时间是否执行采样任务。实验分析表明,所提出的机制保证了数据收集质量,降低了感知能量消耗。

（4）提出了协作机会传输架构，通过将机会转发机制与数据融合相结合来改善网络传输性能。基于该架构，提出了采用数据融合的传染路由机制和采用数据融合的二分喷射等待机制，推导了相关性数据包的扩散规律，设计了新的数据转发规则。实验分析表明，所提出的机制保证了数据收集质量，降低了传输能量消耗。

（5）考虑用户在线到达场景，设计了预算可行型在线用户参与激励机制，使任务发起者在指定的截止时间之前选择一个用户集来执行感知任务使其获得的价值最大化，并且支付的总报酬不超过指定的预算限制。考虑价值函数是非负单调次模函数的情况，基于在线拍卖模型，提出了 OMZ 和 OMG 两种在线激励机制，分别适用于零"到达-离开"间隔模型和一般间隔模型，并通过理论和实验分析证明了它们可以满足计算有效性、个人合理性、预算可行性、真实性、消费者主权性和常数竞争性六个重要特性。

（6）考虑用户在线到达场景，设计了节俭型在线用户参与激励机制，使任务发起者在指定的截止时间之前选择一个用户集，使其在完成指定个数的任务条件下付给这些用户的总报酬最小化。基于在线拍卖模型，提出了 Frugal-OMZ 和 Frugal-OMG 两种在线激励机制，分别适用于零"到达-离开"间隔模型和一般间隔模型，并通过理论和实验分析证明了它们可以满足计算有效性、个人合理性、真实性、消费者主权性和常数节俭性五个重要特性。

（7）提出了预算平衡的激励树机制并命名为"广义发财树机制"，既能够鼓励用户直接参与做出贡献，又能够鼓励用户招募更多的其他用户参与。该机制要求总体支出等于所宣称的预算，同时保证满足持续贡献激励、持续招募激励、报酬与贡献成正比、非营利的招募者绕过、非营利的女巫攻击五个重要特性。设计了"1-发财树"、"K-发财树"和"共享发财树"三种广义发财树机制，用于支持多样化的需求，并使用累积前景理论提供了一个可靠的机制选择向导。基于社交网络的仿真验证了理论分析的正确性。

（8）开展了两项激励机制应用实验研究：①面向基于群智感知的空气质量监测应用，设计了多样化的激励机制，分析验证它们对长期收集基于位置的图像数据的性能影响；②面向基于群智感知的协同目标搜寻应用，设计并实现了一个"校园寻宝游戏"，对我们所设计的广义发财树激励机制进行了性能验证。

目前的移动群智感知研究仍然处于初级阶段，主要存在以下三个方面的局限性。

（1）感知个体不够智能，主要表现为有限的 CPU、GPU 和内存等资源，导致感知个体终端还难以直接执行计算密集型的复杂任务，同时，感知个体行为模式复杂多样、感知数据参差不齐，导致整体感知服务质量难以保障。

（2）群体协同方式单一，主要表现为目前的研究大多局限于同类型感知群体或模式之间的协同,在部署成本、覆盖规模、灵活性等方面难以平衡,而由于人群移动性限制导致的感知盲区问题比较突出。

(3)缺少闭环反馈控制,主要表现为目前的研究大多仅关注于从下到上的感知数据收集过程,而缺少从上到下的对群体行为的引导和反馈控制,无法形成完整的闭环系统,从而导致难以实现整体感知服务质量的持续提升。

另外,在移动群智感知技术发展的同时,群体智能作为新一代人工智能的核心研究领域之一,近年来也引起了学术界的广泛关注。2017 年 7 月,国务院发布了《新一代人工智能发展规划》,文中共 21 次提到"群体智能",并多次提及"群体认知""群体感知"等概念。2018 年 10 月,科技部启动的《科技创新 2030—"新一代人工智能"重大项目指南》中,明确将"群体智能"列为人工智能领域的 5 大持续攻关方向之一。2020 年 1 月,中国科学院发布的《2019 年人工智能发展白皮书》中,也将"群体智能技术"列为 8 大人工智能关键技术之一。尤其是深度学习、强化学习、联邦学习等人工智能技术的快速发展,正促使移动群智感知理论与方法研究的升级,为解决以上所述的现有移动群智感知研究存在的局限性提供了新的重要途径。在此背景下,进一步深入探索人工智能驱动的新一代移动群智感知理论与方法具有重要的研究意义和应用价值,所形成的一系列创新性研究成果将加速物联网移动感知和新一代人工智能理论技术的融合发展,为移动群智感知技术在智慧城市领域的实际应用提供重要理论指导,有力支撑物联网和新一代人工智能发展的国家战略。